漫话数学美

胡炳生　尚　强◎著

海天出版社
HAITIAN PUBLISHING HOUSE
·深圳·

图书在版编目（CIP）数据

漫话数学美 / 胡炳生，尚强著. — 深圳：海天出版社，2021.9

ISBN 978-7-5507-3196-7

Ⅰ. ①漫… Ⅱ. ①胡… ②尚… Ⅲ. ①数学—美学—普及读物 Ⅳ. ①O1-05

中国版本图书馆CIP数据核字（2021）第105980号

漫话数学美

MANHUA SHUXUEMEI

出 品 人　聂雄前
责任编辑　陈　静　林星海
责任技编　陈洁霞
责任校对　李　想
装帧设计　斯迈德设计 0755-8314 4228

出版发行　海天出版社
地　　址　深圳市彩田南路海天大厦（518033）
网　　址　www.htph.com.cn
订购电话　0755-83460293（批发）0755-83460397（邮购）
印　　刷　深圳市希望印务有限公司
开　　本　787mm × 1092mm　1/16
印　　张　19
字　　数　203千
版　　次　2021年9月第1版
印　　次　2021年9月第1次
定　　价　38.00元

回味对数学美追寻的历程（前言）

◎尚　强

我和安徽师范大学的胡炳生老师合作编写的《漫话数学美》完成之际，胡老师谦让，要我写书的前言。我想了一下，写点什么好呢？正好前不久《南方教育时报》把我写的《回味》一文用两个整版发表出来。那既是我对少年时代艰难求学之路的回味，更是我对数学美追寻的回味。如果没有单墫老师、王忠汉老师、胡炳生老师等对我的帮助，就没有我的今天。如果不是数学之美叩击我的心灵、引发我的兴趣，如果不是我对数学美的入迷和追寻，我不会一路栉风沐雨、不畏坎坷，坚持走到今天，坚持从穷乡僻壤走到我国改革开放的前沿——深圳。于是我决定将这篇文章，放在这部书的前面，聊作前言。

历经风风雨雨、冷暖沉浮，还来不及仔细回味人生的酸甜苦辣，已经鬓染白霜、额留沧桑。曾经的我：酷爱几何，却没能成为数学家；寄情诗文，却没能成为文学家；醉心丹青，却没能成为艺术家。聊以自慰的是：能脚踏实地，努力工作，为自己的大系统小单位争得荣誉，也不失为有贡献；能专心育人三十七载，桃李满天下，其间颇有英才，也不失为有成就！

一、偶然上学

1962 年，我出生在安徽省当涂县黄池公社长福大队后楼生产队，兄弟姊妹六人，我是老大。小时候听老师讲忆苦思甜的时候，我感觉当时的生活一点不甜！

我家境贫寒，常常要么有米没柴，要么有柴没米。记得春夏交接之际，父亲把一半青色一半黄色未成熟的麦子磨碎，让母亲做成面饼给我们吃，不仅难咽，吞下去还烧胃。我一直疑惑描写困难的成语怎么不是“青黄相接”？年幼，我就帮助父母干农活。九岁时，我幸运地被扫盲工作队拉到学校上学，纯属偶然。即使如此，每天早上我还要与尚世友等伙伴先到生产队挣两个小时的工分，然后才去学校。早餐时有时无，渴了就就近喝沟渠里的水。所谓学校，其实就是一间茅草房，张荣银老师是全校唯一的教职工。全校只有八九名小学生，年龄不一，采用复式班教学，我们村的第一个大学生、研究生尚贤军就出自这里，我们这些同学忘不了张老师的辛勤教育。村里的能工巧匠帮助学校用木棍、草绳、土坯、泥巴做成课桌凳，夏天使用这样的泥巴课桌凳非常凉爽，可是到了数九寒冬实在不好过，张老师就带我们蹦蹦跳跳暖身子。学校只有《毛主席语录》《毛泽东选集》等几本课外书，设施之简陋，教材之简单，书籍之奇缺，是现在的人无法想象的。高年级时，我先后在戚桥小学、毛桥小学、长福小学上过学。我就是在这样的环境里，艰苦而又紧张地度过了小学生涯。

20 世纪 70 年代乡村小学课堂

我被扫盲工作队拉到学校的时候，负责小学一年级报名的老师问我叫什么名字。我说：“叫‘九斤！’。”老师说：“不行，这是小名，父母没有给你取大名？”我说：“不知道。”老师问我的辈字，我说：“起。”他又问父亲的辈字，我说：“定。”老师说：“那你就叫‘尚起定’吧。”我说：“好的。”名字就这样胡乱起的。

这是我小学阶段保留的唯一一张作业纸

等到我年龄大一点以后，觉得自己名字“尚起定”怪怪的，怎么把父亲的辈字放在我名字后面了？于是决定把自己名字改成“尚强”，意为鼓励自己坚强拼搏，努力向上。那时候农村人随便改名字，告诉老师一声便可，因为没有户口本和身份证。

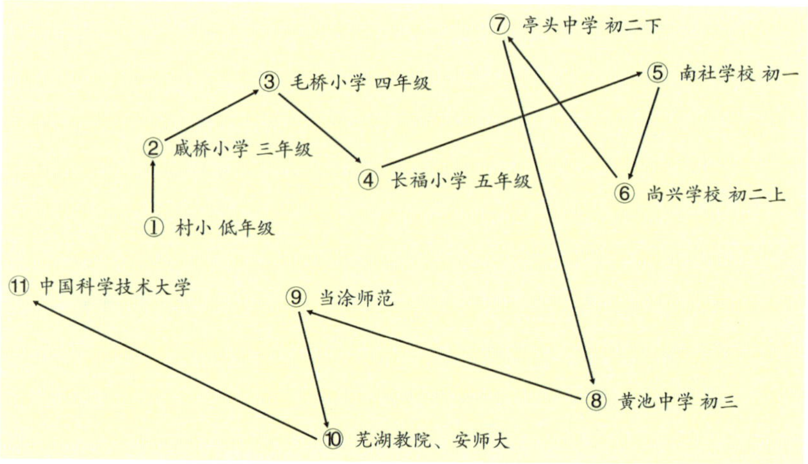

求学路线图

（小时候之所以频繁换学校，是因为学校经常被撤并）

二、渴求知识

1976 年，14 岁的我被糊涂官分到离家很远的南社学校上初一。半个学期后，我母亲找人把我转学到离家近的尚兴学校上学，所谓初中，都是小学戴帽子加的，学校老师绝大部分是临时代课老师。虽然老师们大部分没有经过专业训练，但是不影响老师的重要作用，这些老师中不乏特别优秀者。我因上学晚，自信心不足，同时担心父亲会因困难随时让我辍学，心情低沉。教物理的鲁廷仪老师看出来后，特别关心我，经常问寒问暖，送本子与笔给我，还让我去老师家里加加餐，消散了我心里低沉的乌云。有一次开学要缴两块钱的学杂费，家里实在拿不出来，是鲁老师代我缴的。数学老师许有荣不仅数学课讲得精彩，还经常绘声绘色地给我们讲科学家逆境奋斗的故事。在许老师讲到华罗庚因交不起学费而中途辍学，在他父亲的小店里用五年时间自学了高中和大学的全部课程时，我惊叹不已。这些故事像一道灵光照亮了我年少的心田，要勇于在逆境拼搏、自学成才的决心，如明月在我心中悄然升起，增强了我的学习兴趣，我心生了要成为一名科学家的梦想。老师们给我的温暖让我体会到老师的作用不仅仅是教学生知识，更重要的是给学生传递爱！教学生积极向上的思想，引导学生开启美好梦想的大门！

1977 年，高考制度恢复，全社会对教育的重视犹如惠风和畅。当时全国各地盛行各种统考，我在黄池公社尚兴学校读初二时，在当涂县统考中，拿了数学、物理、总分三个第一。从奖状上看（下图），那个时代非常落后，一个统考要跨年度才能出结果。

我统考的奖状

奖状中“数”字不是错别字，符合国家 1977 年公布的《第二批汉字简化方案》。只是这个方案试用了八年后，因为字形过于简单且混乱而被宣布废除。

那个时期，教学资源极其匮乏，用的还是十年动乱时期的教材，内容大多是如何测量稻田的面积、测量一根电线杆的高度等等。这样的课本远远不能满足我的求知欲望，我迫切寻找着“过瘾的书”，就是有难度、有嚼头的书。在那书籍荒芜的岁月里，“过瘾的书”成了我们那代人梦寐以求的奢望。我找过我们大队唯一的大学生朱华甫老师，想借“文革”前的教材，朱老师说那些书在“文革”期间被全部销毁了。我去找在亭头中学当老师的表叔张斌求书，他让我去乡下老屋子阁楼里找找，他记得好像有一些。令我惊喜的是，我在那里找到了好几本数、理、化方面的书，我如获至宝，高兴得像哥伦布发现了新大陆。

1978 年，国家学制改革恢复“文革”前的秋季升学，同时决定 1977 年的所有年级延长一个学期。我在初二的第三个学期上了几天课，实在觉得索然无味，去找表叔张斌跳了一级到亭头中学的尖子班初三（1）班，班主任是王绪锦老师。我在亭头中学参加了中考，两百多毕业生，傅时金同学第一，我第二。我当时的目标就是考中师，转非农户口，上学不要钱，还有补助。可惜我少了 2 分没有考上，我反思自己的问题，是语文没有学好。我曾经将古文《曹刿论战》中的“刿”读成“岁”，引起同学们哄堂大笑。后来我开始重视语文的学习。

亭头中学七八届初三（1）班毕业合影
（王绪锦老师在一排左一、我在最后排左六）

1978 年下半年，我勉强在亭头中学上了两个月高一。这时全国兴起狠抓教学质量的风潮，当涂县领导决定把全县最优秀的老师与 100 名尖子学生集中到当涂一中。我与尚定刚、蒯正东有资格上一中，将来考上大学就十拿九稳。但当我把这个好消息告诉家里时，父亲几乎用恳求的口吻跟我说：“家里实在没有力量支撑你到一中，按理讲你还是初三学生，你回黄池中学再参加中考，肯定能够考上

四十年前父亲那痛苦不堪的样子

中师，好不好？”平常威严的父亲，话没有讲完，眼里泪水已忍不住……四十年前父亲那痛苦不堪的样子，至今还清晰地刻在我的脑海中！

三、户口变化

1979年，我如愿考取当涂师范，身份农转非。班主任祝立民老师，让我当体育委员、班长，服务同学，锻炼自己。那时的中师同学都是初中阶段学习成绩出类拔萃者，个个天资俊秀。琴棋书画，吹拉弹唱，擅长者大有人在。像郎平、李华东、俞家祥、陈仕祥等同学现在就是他们所在领域的佼佼者。我苦心孤诣地钻研数学，立志成为数学家。为了锻炼身体与意志，我三年雨雪无阻坚持晨跑。

我参加运动会的奖状

美术方面，我从零开始，认真跟画家朱月湖老师学画画。在当涂师范三年的学习，给我以后的发展打下了良好的素养基础。

朱月湖老师作品

我的绘画作业

1979年9月开始，在路家桥老师牵线帮助下，我每个月都要去位于芜湖的安徽师范大学一次，向数学系王忠汉老师求教。我后来在王老师帮助下又认识了更多教授，其中李梦樵老师、胡炳生老师、吴雪庐老师指导我较多。那时候当涂到芜湖的火车票单程五角，来回只一元，可就这一元钱对于我来说还是一笔不小的开支。记得一个元旦去安师大求学，在芜湖火车站买回程票的时候，发现五角钱找不到了，估计是被小偷顺手牵羊了。无奈的我只好从芜湖火车站爬栏杆逃票，回到当涂火车站，不敢从站口出来，只好绕道寻找出路。我寻寻觅觅，却被一条窄窄的人工河挡住了去路。冬天人工河上面有厚厚的枯草，我在河边试了试，好像水干了，便慌慌张张踏进去。第一脚下去感觉有点软，第二脚整个人就掉了下去，污泥夹着臭水，一下子淹没到了我的脖子。我很快发现这里像沼泽，完全不同于在河水中，我挣扎了几下就动弹不得。我后悔选择没人的地方下河，成了涸辙之鲋，大声呼喊救命，这下惨了，喊了十几声，没人应。正在绝望、冻得支撑不住的时候，过来一个捡垃圾的，他大概担心自己力薄，不敢救我，他迟疑片刻，突然一边跑一边大喊："救人啊！救人！"喊声引来了几个人，他们用竹竿加绳子把我拉出来了。火车站一位姓鲁的师傅真好，帮我脱掉脏衣服，简单用热水冲了一下，就用他的军大衣给我裹起来，立即用自行车把我送到当涂师范。由于惊吓、挨冻，我大病一场，这是我一生中最窘迫最难堪的事情。等我工作几年后，经济好转，还专门去火车站找到这位鲁师傅表达深深的感谢。

1980 年的当涂县火车站

我原来的初中数学老师路家桥，1979 年不知道从哪里买来一本珍贵的好书——北京师范大学梁绍鸿教授主编的《初等数学复习及研究（平面几何）》，送给了我。这本书汇集了法国、德国和俄罗斯等国的平面几何难题。这些难题像磁石一样立即吸引了我，我着了魔似的，像现在的青少年痴迷游戏一样，废寝忘食地钻研起来。在解题的过程中，其进弥难，其志弥坚，其情弥痴，其乐弥悠。

到了 1981 年我完成了大部分梁绍鸿平面几何习题的解答，将解题过程分四册在安徽师范大学内部油印发行，王忠汉老师给予了大量无私的帮助，非常辛苦地逐字逐句校对，纠正了不少错误。特别是第一册印刷的时候，王老师为了节约成本，亲自帮助我刻蜡纸钢板。

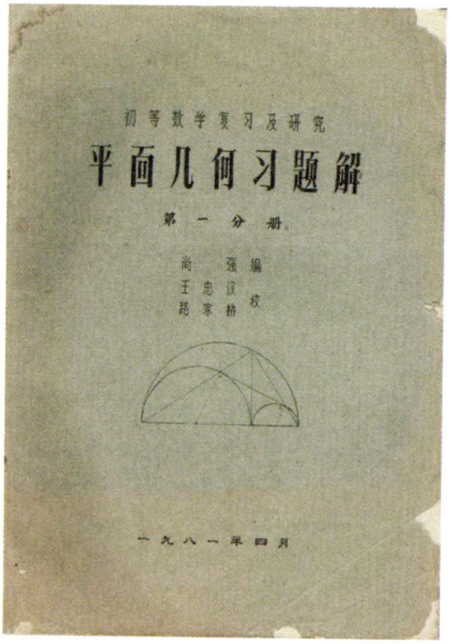

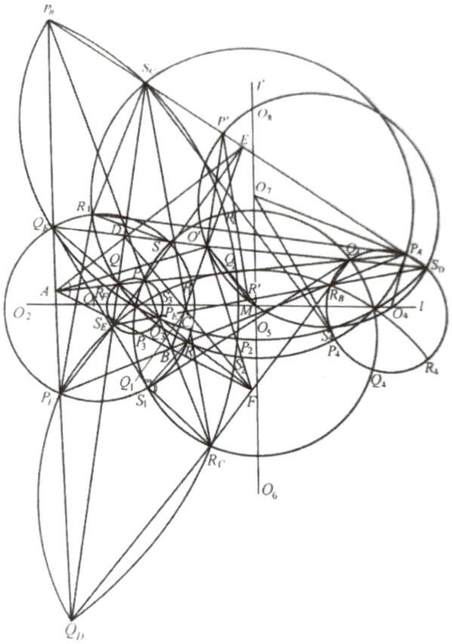

我画的图形如此复杂，至今不知道王老师怎么刻上去的

1982年，我在当涂师范即将毕业，班主任孙尚南老师给他的校友、安徽省教育厅王世杰副厅长写信，推荐我去安徽师范大学继续深造。王副厅长接待了我，还安排省教研室吴之季主任考核我，吴主任在“文化大革命”前，因为肺结核，没有上得了大学，也算自学成才。我想他会因同病相怜而生恻隐之心相助于我，吴主任考核完后，让我回去等消息。没想到我所盼望的消息如泥牛入海，杳无音信。直到十年后在省教育厅的表彰会上，我们才再相见，彼此淡然一笑。在当涂师范史惠民副校长的推荐下，我被破格分配到钟山中学，一年后调薛镇中学。在钟山中学我得到吴双英主任的莫大帮助，他让我一周只教几节几何课，兼管图书室，好让我有更多的时间学习。这种仿效清华大学数学系前主任熊庆来照顾华罗庚的做法，使我感动不已，可惜我没有成为另一个华罗庚。

安徽省当涂师范 82 届三（2）班全体毕业生留影
（班主任孙老师在二排左一、画家朱月湖在二排右五、我在三排右五）

1983 年，我初步编出《平面几何解答》一书。当我携带书稿信心满满地前往北京师范大学探访梁绍鸿教授时，梁教授已经逝世。怅惘之余，梁教授夫人介绍我找到了大数学家赵慈庚教授。我兴致勃勃、恭恭敬敬双手递上书稿给赵教授，他没有看就放在一边，开口说："梁先生已经攻克了这些难题，之所以没有公布，是为了激发青年数学爱好者的兴趣。你花太多时间来研究平面几何是没有大前途的，数学家的研究应该着眼于未知的领域，欧几里得在两千年前编了《几何原本》，把平面几何体系初步建立起来了，又经过笛卡尔、罗巴切夫斯基、黎曼、克莱因、希尔伯特等人的发展，已臻完善。你虽然做的是重复研究，但是反映出你有一定水平，也算是传承上的集大成者。建议你以后拓宽数学方向，选择数学教育研究。”为鼓励我，赵教授欣然提笔在明信片上抄了一首郑板桥的《竹石》诗送给我：

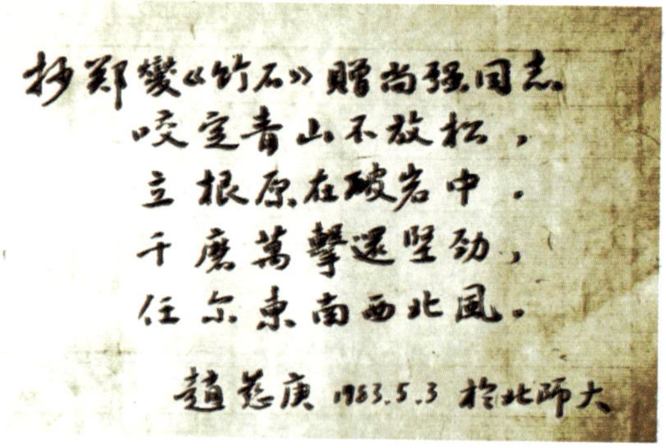

赵教授送给我的诗作

四、继续深造

1984 年，在没有经过领导批准、也不可能被批准，工作人员又不经意的情况下，我报了名并考取了芜湖教院。在当涂县委办公室鲁道生主任的协调下，我费了九牛二虎之力，才去成芜湖教院学习。我在芜湖教院得到了许多老师的精心教诲，特别是饶经耕、马荫瑞、桂加谷、朱流海等老师。1984 年，中央组织部通知要在大学生中培养发展党员，我是芜湖教院发展的第一批学生党员，入党介绍人是闻厚贵同学。芜湖教院与安徽师范大学门对门，这样更方便我去安徽师范大学向李梦樵、王忠汉、胡炳生、吴雪庐等老师求教。我跟教授们学习了空间多维几何、黎曼几何、罗巴切夫斯基几何、射影几何、微分几何、组合几何、计算几何、排列几何、直观几何等等。那时候的老师们真好！真伟大！！在 1979 年至 1986 年这 7 年间，他们无偿义务给我做“家教”，还让我经常在他们家蹭饭，特别是王忠汉老师夫妇非常关爱我。有一次王师母问我：“你觉得我们家千金怎么样？”我真心觉得王老师女儿美丽又优秀，大城市的女孩，大学教授的千金，没说的。但此时的我，完全沉迷在数学的世界里。在王忠汉老师帮助下，我完成了 48 万字的《平面几何题解》（上下册），并由中国展望出版社出版。

我还与李梦樵老师合编 20 万字的《平面几何一题多解新编》，由安徽教育出版社出版。李梦樵先生是胡炳生、王忠汉的老师，水平高，在成书中给予关键指导。唐以荣、黄承宏教授对个别难题的解决提供了帮助。本书编辑胡炳生教授，为了节约成本，胡老师自己做的封面设计。

两书的出版，在教育界反响很大，令我声名鹊起，因为在那个年代以我这个年龄出书似乎凤毛麟角！

早期著作封面

尚强先生早在17岁(1979年)时，即以惊人的毅力将厚书的习题解之过半。后来又将解答不断完善，整理成书，并于1985年由中国展望出版社出版。但印数不多，很快售罄。这次重新出版，非常符合社会的需求。数学教师可以借助这本题解，应对答学生所提出的几何问题，免去许多演习的时间，以及临时无法解出的尴尬。勤勉的学生得到这本解答，可以与自己的解法对照，获取印证的快乐。遇到解不出的题，也可以得到提示，有所启发（当然，不要急着看完整的解答），不致陷入困境，无法解脱。

撰写、出版这本习题解答是一件大有功德的事情，造福千万莘莘学子。因此，对于尚强先生的辛勤劳动与付出的心血，我们应当说一声："Thank you very much."

单墫

2008年12月3日于南京师范大学

1985 年出版以来，30 多年不断重版印刷

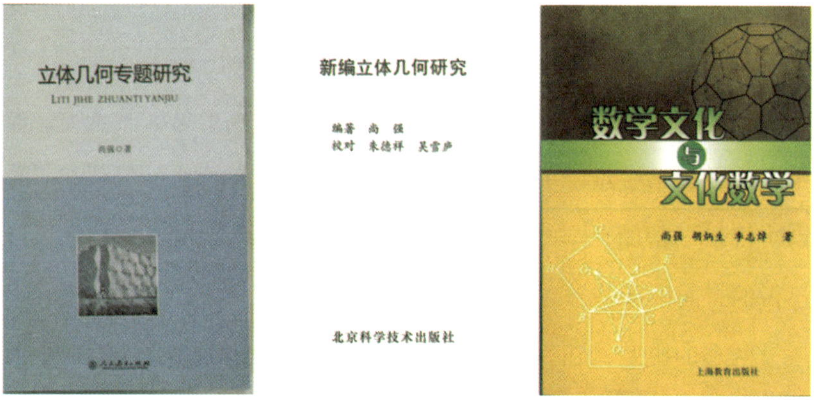

我的另外几本著作

五、不懈追求

1986 年，我在芜湖教院即将毕业，平面几何专家吴雪庐教授推荐我去芜湖师专做他的助教。我好向往，那段时间，我经常做梦梦到自己已经调到芜湖师专，真像《枕中记》里描述的那样：卢生在梦中享尽山珍海味，等到醒来，主人蒸的黄粱还没有熟。因为学历原因，芜湖师专领导不同意。我的梦如烟雾，被现实的狂风吹散

了。我在家闷闷不乐，借酒消愁，愁更愁。我爷爷看我难受的样子，反复问我："怎么了？"我无奈地告诉他实情。过了几天，我爷爷高兴地告诉我："我们以前的一个邻居，在马鞍山当大官（教育局局长魏程），他好像是你曾祖父的学生，去找他试试，说不定能够帮上忙。"1986年4月的一天，76岁的爷爷带我到马鞍山，费尽周折，终于打听到魏局长的家。他住在花山小学后面。我跟着爷爷，怀着忐忑的心情，敲开了魏局长家门。在门口，我爷爷简单介绍了一下来意，局长夫人热情地让我们进家了（那时人与人之间没有什么戒备）。过一会儿魏局长下班回来，推开门看到陌生人在家，愣住了。我爷爷赶紧开口："魏局长好，你是我们家乡的光荣啊！你是不是我老父亲尚文才先生的学生？"魏局长说："不好意思，我只是文才先生学生的学生，不过我对文才先生很崇拜。"我借机介绍自己，并把我的两本书递给了魏局长。他接过书说："年纪轻轻就写了两本书，不简单！文才先生后继有人啊！"我说："请求局长帮忙把我调去芜湖师专。"魏局长说芜湖那边的情况他不熟悉。我请求魏局长看能不能把我调去马鞍山二中（当时安徽省前三的名校），魏局长说："你的学历低了，去马鞍山二中有困难，可不可以推荐你去当涂县一中？"我说："可以。"魏局长当即给县教育局张正平局长写了封推荐信，让我交给他。张局长看完信后说农村中学缺老师，县教育局想想办法，在可能的情况下照顾我。6月底临近毕业了，我更加着急，又去找魏局长，说去二中不行，马鞍山其他学校行不行。魏局长让我等一等，现在市教育局要改革，人事冻结。到了8月，我再次去找魏局长，魏局长说教育局已经改革为市教委，他即将去人大任职，我不忍心打扰了。接下来我抱着试试看的心情，把两本书和自荐信寄给了新成立的市教委陈桂生主任。说真话，当时我不抱什么希望，因为我与陈主任素昧平生。正在我感到山重水复疑无路的时候，却柳暗花明又一村，我收到了陈桂生主任的亲笔信，他信中说："我收到你的两本书后，请施克超、王传斌两位老师审阅了，他们都认为有一定水平，适合做数学竞赛辅导。我已经在市教委的人事会上提出来了，研究之后拟调你去二中，具体事项让人事科长夏元楷同志联系你，请耐心等待！"他的毛笔字刚劲潇洒！我想一定是一位敢作敢当、有魄力的好领导！后来的事实证明就是这样！1986年9月初，马鞍山教委人事科寄来商调函，我与家人高兴极了，因为很快就能到名校二中上班了。没想到薛镇中学的林校长坚决不同意调出，当时我对林校长气愤极了，现在想想也能理解，那时候农村中学老师极度匮乏。没有办法，我又去找马鞍山教委人事科长，第一次见到夏科长，他不苟言笑，一脸严肃。后来熟悉了，才知道他是一个性格直爽的好人。司绍宏副科长、甘文英秘书的态度和蔼可亲，让我记忆犹新。真是好事多磨，终于在两年后我拿到了当涂县同意工作调出的通知，我兴高采烈地到马鞍山二中报到。教导处主任跟我谈话："数学老师多，没有办法安排班级给你了，你愿不愿意教劳动技术？劳技里面有三视图，你应该拿手。"我原本满怀希望能一展身手，却遭遇迎面泼来的一盆冷水，心里五味杂陈，失意伤心的情绪弥漫我的胸膛。但是我不能够再麻烦陈主任了，不情愿地接受了高一年级四个班的劳技课。工作虽挺轻松，内心却很焦虑，感觉自己成了二中多余的人。数学教研组组长施克超老师看出了我的心事，有意让我帮他改作业，总算与数学有关。上劳技课的时候，我不自觉地讲成几何课。为了引起学生兴趣，我还忍痛割爱把自己写的书奖励给优秀学生。汪延茂副校长看我寂寞，给了我一个任务，帮他修改初中物理教材的书稿，我解释：物理我不行，汪校长说没关系，只要我查验计算题与改错别字。就这样，我在二中瞎混了一年。这期间我认识了教研室王传斌老师，有时候帮他打打下手，如编同步练习。有一次王老师让我命高二期末考试卷，我没有经验，把平常的测试题出成竞赛题，像二中这么好的学生平均分才二十几分，我好紧张，心想麻烦大了，教研室以后不相信我了。没有想到王老师安慰说没关系，以后多注意。不仅如此，王老师还帮我跟教研室郑式宏、马雪雄、雍有宏三位领导介绍，他们研究后决定调我到教研室，并打报告给市教委。

六、崭露头角

1989 年，我荣幸被调到马鞍山市教研室。我从二中离开后，学校不能给我留宿舍。那时候有钱也租不到房子，何况我也没有钱。整个市教研室的人挤在实验小学宿舍楼的一层，分布在五套不大的住房里办公。我发现我们的办公室洗手间没有使用过，放满了教研资料，我跟郑式宏主任申请，想在洗手间临时住一下。郑主任问：“那里能住人吗？”我在洗手间用木板支了一张小床，就这样住了两个多月。有一天我头晕呕吐，郑主任问我是不是洗手间里空气不好，我说不清楚。让我终生感动的是，郑主任立即把自己的小办公

老同事 30 年后再相聚
（我在中间，右手边是郑式宏主任）

室让给我住，他却与教研员挤到一起办公了……多么好的上司啊！

天赋、爱好、执着、刻苦没有让我登上数学王国的巅峰，数学家的梦想渐行渐远，但付出终会有回报。在上帝为你关上一道门时，一扇窗将会为你打开。1991 年在市教委李学智主任的关怀下，我有幸到中科大进修一年，结识了很多全国知名专家：朱德祥、严镇军、冯克勤、李尚志、常庚哲等等，进一步学习了张量几何、内蕴几何、霍奇理论、纤维丛理论、芬斯勒几何、莫尔斯几何等等。另外还参与了中科大的数学奥林匹克集训队培训工作，这为我以后的发展打下了坚实的基础。同年，王传斌老师介绍我认识了数学家单墫教授，单老师看了我的书以后很认可，把我推荐给 1992 年国家奥林匹克队总教练苏淳教授，做几何教练，结果一鸣惊人，全部选手在国际大赛中几何得满分！回来后我们获得了中国科协、国家教委联合嘉奖。

表 彰 名 单

五 科 奥 赛

一、中国数学奥林匹克集训队

苏　淳	中国科技大学
严镇军	中国科技大学
余红兵	中国科技大学
黄玉民	南开大学
单　墫	南京师范大学
李成章	南开大学
尚　强	马鞍山市教委
成立庚	中国科技大学
宋昌耐	中国科技大学
陶晓永	北京教育学院

二、中国物理奥林匹克集训队

舒幼生	北京大学
朱世嘉	北京大学
胡望雨	北京大学
励子伟	北京大学
陈熙谋	北京大学
龚镇雄	北京大学
张毓英	北京大学

表彰证书

尚强同志在一九九三年国际数学奥林匹克竞赛中国代表队的培训工作中，做出突出贡献，特给予表彰。

中国科学技术协会　国家教育委员会

一九九三年十二月三日

丰收的十月！获国家隆重表彰！

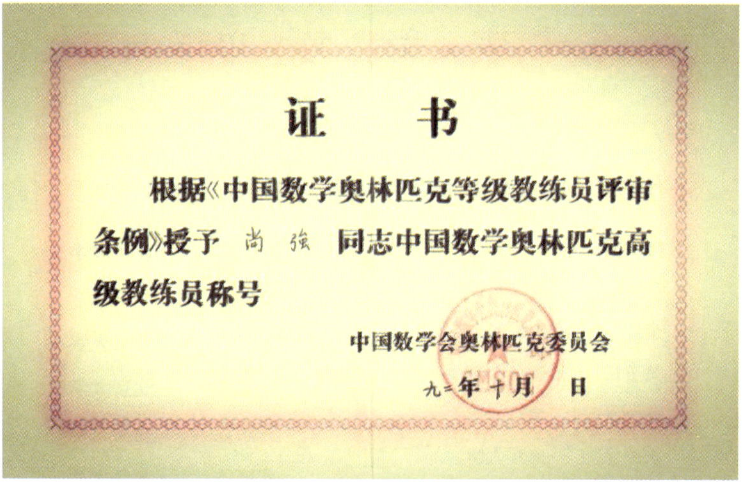

被破格评为高级教练员

1992年底，马鞍山市教委把我从初级职称，跳级评为高级职称，工资一下子加了七级！从此我开始陆陆续续收到北京、上海、广州、深圳的商调函，希望我到他们那里工作，给出的条件很优厚，但我觉得马鞍山对我很好，一直不舍得离开马鞍山。这一年我被评为马鞍山市十大杰出青年和十佳人物，市委常委、宣传部部长何永炎安排十佳人物到很多地方做精神文明宣传，并亲自到县处级单位主持报告会。记得第一次演讲是在马钢会堂，快轮到我讲时，我突然紧张地发蒙，两个腮帮子僵硬起来，何部长赶紧让人帮我使劲搓两边的脸，效果挺灵的，报告顺利。市教育局臧升树副书记、万亚平科长帮助我修改讲话稿，大大提高了我的文字水平。有一次万科长带我去马鞍山四中做报告，坐我开的摩托车去的，路上轮胎扎了铁钉，要等修车，我焦急万分，万科长虽然只比我大几岁，但是比我沉稳很多，安慰我不要着急，最终我们赶上了时间，掐点进入会场。

同年市委书记苏平凡接见了我，并勉励我：年轻人好好干，大有前途！

表彰证书

尚强同志在一九九三年国际数学奥林匹克竞赛中国代表队的培训工作中，做出突出贡献，特给予表彰。

中国科学技术协会　国家教育委员会

一九九三年十二月三日

再获国家表彰

1993年数学家单墫教授又把我推荐给国家奥林匹克队总教练杨路教授，我非常荣幸再次担任国家队几何教练。那年参赛的国家队六名选手全部获得金牌，我再次得到国家嘉奖！

1994年，马鞍山市教委李学智、颜惠钰、郭应曾、夏光明等领导集体研究决定分配一套住房给我作为奖励，人生第一次享受有房的感觉，真好！一年后因调动，我主动退出住房。同年我在马鞍山接待深圳中学高德铨老师和数学奇才韩嘉睿同学，并开始对韩嘉睿进行数学竞赛辅导，后取得不菲成绩。

深圳市政府表彰会

七、奔向南方

1995 年 4 月，我接受深圳中学邀请，来深圳进行数学竞赛辅导。深圳市教育局廖槎武局长带上深圳中学领导邓继新、唐海海约我谈话，希望我到深圳中学工作，条件让我自己提。负责接待的老师提醒我："内地调深圳可能很快冻结，香港即将回归，估计到时候你再想来深圳就难了。"我回到马鞍山后，试探性地问李学智主任，我能不能调深圳。李主任跟我说，你是名人，我不敢批准，你找市领导去。我就去找分管教育的副市长童怀伟。没想到童副市长非常豪爽，大手一挥："哪里更有利于发展，哪里能做出更大贡献，你就去哪里！况且深圳是中国的。"他真是有格局、有远见的好领导！1995 年 7 月，我满怀豪情与憧憬，正式调到改革开放的最前沿——深圳。

光阴荏苒，转眼我已经在深圳教育战线辛勤耕耘 25 载，写了 120 多篇有关教育的文章，11 本数学著作（含合作），把一所新学校——深圳科学高中，办成受深圳市民欢迎的好学校。先后获得深圳青年功勋章（最高奖两名之一）、深圳教育突出贡献奖（两名之一）、深圳"孺子牛金奖"（两名之一），被评为深圳教书育人模范（两名之一）、广东省特级教师、南粤优秀教师、国家有突出贡献的教练员，成为享受国务院特殊津贴专家。

目录

第一章　美之为美

第二章　数学美之为美

第三章 数学大美至简

第四章 数学大美广用

第五章 数学大美之巧妙

第一章 美之为美

一、什么是美?

爱美之心人皆有之。无论是自然景色，还是美味佳肴，大多数人都能分辨出美与丑，都愿意选择景色优美的景区去旅游，喜欢选美味食品去品尝。人们对于穿着打扮，以至人的品德性格，也能够分辨出美丑和善恶。

但是，若要问他们："你们喜欢的美，到底是什么？"那么多数人莫可名状。即使是《辞海》等大辞典，以及古今中外有关著述，对于"美"，也没有给出什么确切的说明，更没有大家公认的"定义"。所以人们常说："美"是只能意会，不能言传的。即是说人人可以体会到美，但无法说出其所以为的美到底是什么。亦即对于"美"，人们只知其然，不知其所以然。

当然，对于"美"的含义，也有一些为多数人所同意的说法。例如：美，是人们对自然和事物（包括人自身）某些和谐、顺眼的感觉和愉悦的心理反应。如对大自然优美景色的赞叹，对适口美食的赞誉，对亲人、好友的留恋感情和表现（握手、拥抱、亲吻等），对古今优秀诗文的吟诵，以至赏心悦目，手之舞之，足之蹈之。是的，所谓"美"是客观事物对于人们主观（主要是感官）内心愉悦的反映，主要是感性（包括感情）的，但并不限于感性，也有理性的因素（内心的思想体验）。

若从中国古人对汉字"美"的造字来看，"美"是一个表意字。其上部是个"羊"字，下面是个"大"字，因此有"羊大为美"的说法。在远古时代自然条件恶劣，物质（主要食物）极度匮乏的情况下，如果有一只大而肥的羊可以充食的话，那确实是一种美味，是一种美好的享受，内心一定十分满足和愉悦，一定感觉很美了。也就是说在中国老祖宗开始造字的时候，“美”字，其字源自人的味觉感受。这是可以理解的。人类因有食物充腹，才能够生存。所谓“民以食为天”嘛!

图 1-1-1　羊大为美

但人的感官的感觉，是互通的。人的欲望是可以不断扩展和提高的，人的感觉也是可以转移的。这种味觉“美”的感觉，便逐渐迁移到视觉、听觉等其他方面。

当然，这与人类所处环境和自身生理和心理变化有关。由于社会的进步，食物比较充足，人们才有时间去满足精神层面的美的享受。例如春秋晚期，孔子去太庙，听到太庙里演奏的韶乐，感觉到很好听，以至于痴迷到“三月不知肉味”的地步。这说明孔子已经感觉到音乐（听觉）之美，超过肉味之美了。

随着社会的进步，生活条件的改善，人们对于所生活的区域山川之秀丽，花草树木之赏心悦目，就发之为言语的赞叹。言语之不足，继而发展为人的肢体语言：手舞足蹈，而为歌舞。歌舞之不足，发而为诗——歌舞只能乘一时之兴，不能“永言”，便付诸文字记录而成为诗词和文章，以期可以保留长久。优美的诗文可流传千百年。

所以说，人对于“美”的感觉和体验，人类的美感和理念，是人类自身进化和社会进步的产物。它既是人类自发的天性，又是不断延伸和发展的一种后天的素养和品质。人类从对美好事物的欣赏和赞美，逐步发展到对美好事物的记录和颂扬：绘画以记录大自然秀丽的风光，山川之雄伟壮丽；写作诗文，以抒发对自然和人事的赞美之情；如此等等。进而，从自然美的感觉，逐步上升为理性美的思维，以至在思想和行为上对“美”的追求，追求文化美、科学美和技术美。

总之，“美”是人们对外界客观事物的内心愉悦的感觉、理性的欣赏和情感慰藉，以至产生对美好事物（包括文化和思维方面）的冲动和追求。

二、“美”的基本要素

综上所说，虽然“美”不能抽象定义，但是对于所有美好事物，我们能够发现共同具有的基本要素，或者说基本特点。那就是美好事物各部分的和谐统一性、形式对称性、新奇性，以及其广用性。

首先是和谐统一。和谐即是“真善美的统一”。美的事物对于我们感官，一定是感觉舒服、愉快，看得顺眼、听得顺耳、吃得顺口、用得顺手、言语顺心。如果看得刺眼、听得刺耳、吃得反胃、交谈话不投机就不会和谐，就感到不美好，甚至感到“厌恶”和恶心。

真、善、美都是事物的属性。它们既统一，又有区别。在大多数情况下，真的、善的事物是美好的。假的、恶的事物（人）一定不会真美！这是统一的大局。美好的事物，基本是真的、善的。而在特殊情况下，也许外在表象的“丑”，有其内在的大美。例如文学名著《巴黎圣母院》中的打钟人，虽然面貌丑陋，但其内心善良可爱。也有表面美好的事物，其创作者并非善类。例如南宋大奸臣秦桧和近代汉奸汪精卫的书法作品，几乎没有在社会上流传的余地。其原因就是秦桧是个大家公认的陷害岳飞的“坏人”，在杭州西湖岳庙里，被当做“恶人”的典型，铸成铁人跪在岳飞像前，让世人唾骂；而汪精卫是投降日本军国主义的汉奸。

其次是形式对称，或者说得确切一点是匀称。因为世间万物，很多都具有对称的形式。例如太阳和满月时的月亮是圆形的，而圆（关于任何一条直径）既是轴对称图形，又是中心对称图形，可以说是十全十美。其他如花瓣、昆虫（蝴蝶、蜜蜂等）等自然物体；人的五官、人体构造；人的方位感——上与下、东与西、南与北、前与后、左与右、进与退等也都具有对称意义。对于人们的感官来说，当现实事物与其心理所思所想是一致的、和谐的，人们接触到它们时，就会感到愉悦，有“美”的感受。

再次是新奇。人们对于第一次见到、听到、遇到的新奇事物，总是怀有莫名的兴趣，产生强烈的好奇之心。例如，听到一首新的乐曲、新的美声歌曲演唱，兴趣盎然。读了一首新的意味深长的好诗或美文，心里往往受到真善美的感染并产生感动，从而感到了美的享受。特别是对一些罕见的，甚至是不可思议的事物，更是好奇心旺盛，受到美的震撼。

其实，世间万物，千奇百怪，千变万化。有的甚至是违反人们常识的奇怪现象或是用现有知识无法解释的问题。在众多对称形式中，也有一些不对称、反对称的形式。然而，正是有这些新奇的现象、奇异的事物和无法解决的问题，才引起我们的特别关注和持久探寻的兴趣。在对它们的探究过程中，在解决它们的奇思妙想中，我们感受到了一种特别的新奇美。

例如，古希腊毕达哥拉斯学派，在他们发现“黄金分割”作图法，并借此绘制出五角星图形时，其兴奋心情难以言表，就把五角星作为他们这个学派的标志，学派每个成员都以佩戴五角星标志为荣。

又如，一般人们的常识是——一张纸有两个面，一只虫子要想从纸的一面不穿过平面，绝对到不了另一面。但是“莫比乌斯带”（图 1-2-1）的出现，却打

图 1-2-1　莫比乌斯带

破了人们的常识。因为它只有一个面，是单面的。同样，在三维空间图形中那个“克莱因瓶”，不分里外，只有一个表面。这些奇怪的现象和图形，引起过人们极大的研究兴趣。人们认为这些奇怪的图形，具有新奇之美，美到令人感觉不可思议。

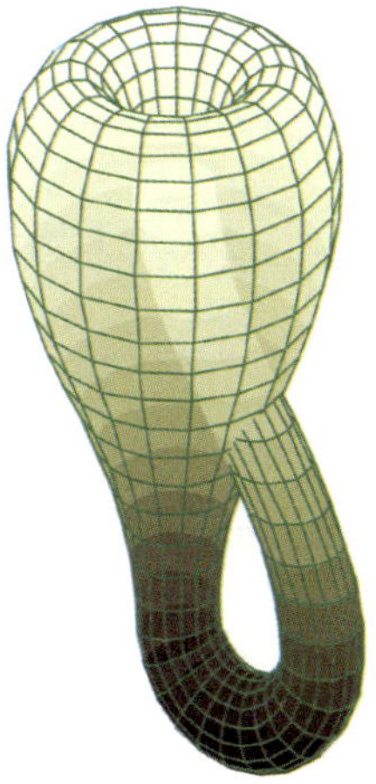
图 1-2-2 克莱因瓶

最后是广用。对于人们来说，用途越是广泛，越是需要，必然越是喜欢。而且人们在使用中不断努力地改进、完善、净化，使其更加完美。一件美好的物品或器具，即使觉得再美，如果用途不够广泛，不是人们所必需的，天天看它、听它、玩它、接触它，时间一长，也会产生审美疲劳。如孩子玩一个玩具，开始觉得好玩，几天过去，也就厌倦了，去玩别的新鲜玩具。原因就是它并非无可替代，孩子也不是离不开它。而有的东西则不同，如阳光、空气和水，还有食物，是人们每天必须要用的，须臾不能离开。

又如人们在衣食住行诸多方面，都在不断追求“美化”。一件装饰品的色彩要美，式样要美；食品的味道要美，式样要好看；房屋建筑要美观舒适，室内装饰要美观大气；交通道路要宽敞、绿意盎然，交通工具要快速便捷；等等。总之，要追求城市优美、生态环境优化、生活环境舒适。即使是农村，也要建设“美丽乡村”。

除了以上这些物质需要以外，人们在文化上、精神上也需要“美”，需要思想美、品德美（如“五讲四美”）。那么，在文化上有什么是人们最需要又最离不开的呢？是美术作品吗？是音乐吗？

是桥牌吗？是足球吗？——都不是。因为除非以此为生，人们离开它们照样可以生活和工作。人们无须天天看画展，无须天天听音乐，更无须天天玩桥牌、踢足球或打篮球。但是对于我们的生活、工作和办事，一定要凡事做到“心中有数”。这是古今人们的经验总结，是人生真理、生活哲学。

我国著名数学家华罗庚，1958 年在《人民日报》上发表文章，标题就是《大哉数学之为用》，以种种事例说明数学之大用。大到国计民生、科技发展，小到每个人的生活、生产、工作和学习等诸多方面，数学都是必不可少的知识、技能和学问。因此，数学应用之广，对社会发展推动之大，也是数学美的重要因素。但数学美，不是能够直观发现的，它的美，是理性之美，是要求人们具有一定的数学欣赏能力才能够发现和欣赏的“美”。这要求人们，特别是在读的学生，不论攻读什么学科、选学什么专业，都需要学好数学。而学好数学的关键之一，便是要认识数学之美。展现数学之大美，正是本书所要追求的目标。

三、美的层次——感性美和理性美

前面所说的美，只是笼统说法，其实“美”是有层次之分的。所谓美感，当然主要是指人们对外界事物的感知。所以美感，主要是感性之美，即人们对外界事物所看、所闻、所获得的感觉、知觉和心理反应。但是，在所见所闻之后，人们面对大好河山、美丽人物和动人诗文，必有所思所想。这便使得感性认识“入脑入心”，而产生思想上的理性认识，获得理性之美。

而理性美，在人类社会发展过程中，随着人类生活条件的改善，随着人们思维水平的提高，也在不断深化和提高。在视觉美和听觉美的催化下，人们首先产生对艺术美的追求。新的图画、新的乐曲、新的诗歌等文艺作品不断被创作出来，并且在形式和内容上，不断求新求变，追求艺术的进步和提高。与此同时，在不断追求生产工具改进、产品品质改善和产量提高的过程中，人们对科学技术的探索和追求，也在不断进步，由此而产生对于科学美的发现、欣赏和追求。而其中起基础作用的数学，则对于美的追求尤其重要，并对其他科学门类产生巨大的推动和催生作用。

但是因为数学美的抽象性，有别于其他科学门类，是更高一层的美，所以数学美的发现和欣赏，就显得更加困难，更有发掘的必要。

我们可将以上所说的美的各个层次，表述如下：

感性美 → 理性美 → 艺术美
↓
科学美 → 数学美

这只是大概的关系。其实，感性美和理性美之间，是不能完全分割开来的，何况是艺术和科学、科学和数学，更不能分割开来。它们的关系是“你中有我，我中有你”，互相紧密联系在一起。只是因为数学美的抽象和深奥，需要深入发掘和研究，我们才把它从科学美中突出出来作为重点。至于它们之间的关系，后面各章还将详细论述。

下面我们通过一个故事，来体会数学家、科学家和文学家思维方式的差异，以及他们审美观点的不同。

在苏格兰北部一望无际的草原上，有很多黑色的羊（这是当地特有的动物品种）。一列火车正奔驰在绿色草原上。在一节车厢里坐着三位旅客：一位文学家，一位物理学家，一位数学家。他们凭窗远望绿色大草原和黑色羊群的美丽风景，思潮起伏。于是，文学家诗兴大发，张口吟诗一首："啊！多么美丽的苏格兰大草原，在绿色的地毯上，到处都飘浮着黑色的羊群！……"话音未落，物理学家就制止他说："老兄，你说得不对！"文学家莫名其妙地反问他："绿色草原和黑色羊群，都在我们眼底，我哪点说得不对？"物理学家不紧不慢地说："你的话很不科学。根据我们科学试验测定，视力最好的人，在天气晴朗的时候，至多也只能看到 20 千米远的景物。而苏格兰大草原方圆几百千米，你能看到的只是几十千米的地方，你怎么能断定整个苏格兰草原到处都有黑色的羊群呢？"文学家继续反驳，二人争论不休。在一旁观战的数学家，这时开口了。他说道："二位先生，不必再争论了。你们二位说得都不对！"这使正在争论的二人吃了一惊。同时质问道："为什么说我们不对？那你说说应该如何说呢？"

图 1-3-1 一列行驶在苏格兰草原上的火车

这位数学家幽默地反问道："我们都坐在火车上，看到的只是羊的一面，怎么就能断定羊的全身都是黑色的呢？”文学家和物理学家都怔住了，反问道：“那依你应该怎么说呢？”数学家说：“依我看，应该这样说，在苏格兰草原上，至少有这么一群羊，其中至少有一只羊，它至少有一面是黑的。”其他二人顿时哑然！

对于同样的苏格兰草原上的美景，三个人却有三种不同的说法，究竟是何原因呢？是他们的思维模式不同、学识背景不同，以至于他们的美感不同。文学家主要运用形象思维，具有感性美，他欣赏的是自然美。物理学家具有科学的直觉思维，他认为需要经过试验证实以后真实看到的才算是真理，他所欣赏的是具有真理特征的科学美。而数学家主要依据逻辑思维，认为只有经过严密的逻辑论证所得出的结论才算是真理（不容置疑的定理），他所具有的是数学逻辑之美。

这个故事，可以看出人们美感的不同层次。当然，关于科学美和数学美，以下还要仔细论述。

四、美的发现和欣赏

大自然之美，无处不在。蓝天白云下的大草原是美景，高山峡谷、激流险滩也是美景。唐诗宋词是美文，《滕王阁序》等古散文也是美文。读文学作品可以陶冶情操，获得美的享受。听器乐演奏和演员演唱，也感到很美，同样可以获得美的享受。但是，对于同一片蓝天白云，或者同一场音乐会，各人的感受却不同，甚至于有截然相反的感受和评价。为什么呢？因为美，是需要人们有意识地去发现，需要有一定的专业修养才能欣赏到的。

近代著名的雕塑家，法国的罗丹（A.Rodin，1840—1917）说过："美到处都有，对于我们的眼睛，不是缺少美，而是缺少发现。"

图 1-4-1 长沙橘子洲头毛主席雕像

我们如何才能在大千世界里，在我们生活环境中，发现到处存在的美呢？

图 1-4-2 青岛"五月的风"雕塑

当然，我们首先要有健全的感官。盲人无法看到美丽的景色，感受不到视觉美；聋哑人没有听觉美的享受。但是，现实中却有盲人画家、聋哑人舞蹈家。这就是说人的美感是可以后天培养和开发的。

其次，要有美好的心灵。孔子曾说过"仁者不忧"，即是说心地仁厚的人，对什么都会感到静好。人们常说，心情好时，看什么都好；胃口好时，吃什么都香。美好心灵的标志，就是"与人为善"。善待自然，关注自然界的美好，关注生态保护；善待他人，从好的方面看人，向好人学习，给有需要的人以帮助；善待一切物质对象，节约用水，节约用电，节俭办事；如此等等。当然还要善待自己，在遇到不如意的事时，想得开，看得远，在困难中看到希望，在逆境中寻求光明。这其中的关键是要把个人的欲望降低，以提升向上的正气和生活的勇气。

再次，是要具有一定的文化知识。如果自我要求高一点，还要有一定的专业知识和技能。若对音乐有兴趣，想要提高对音乐的欣赏能力，就要学习有关音乐方面的专业知识，对中国与外国、古典与现代的名曲有所了解。如果爱好绘画，便要对中国水墨画，对西方油画有所了解和鉴别。若对于诗歌有兴趣，或者想学习诗词创作，那不仅要多读诗词书刊，参加诗词课程学习，还要向诗词名家请教，请人指点和修改自己创作的诗文。如此等等，以提高有关专业的文化知识水平和鉴赏能力。

最后，要多参加相关的实践活动。例如参观画展，参观书法展览，参加音乐会，欣赏歌手的名曲演唱，参加诗词采风活动，参加诗词文化学习班。有条件时，可以出门旅游，饱览祖国大好山河，探访名胜古迹，甚至出国旅游，看看异域风情，领略造物主的奇情异趣。这样可以扩大我们的眼界，开阔我们的心胸，拓宽知识和见识的广度与深度。

有条件，有天赋，又有兴趣者，还可以参与艺术和文学创作，并可以不断提高创作水平，成为业余，甚至专业的画家、音乐家或诗文家。许多退休的老人，都是在退休后上老年大学，通过学习而成为某一方面爱好者，甚至是专家，创造出老年时期的美好心灵。实践出真知，实践出美感，在美好的环境中生活，欣赏美好的事物，开阔美好的心灵，便可以美而不老，享受美好的人生。

对于科学美、数学美的欣赏，更需要有科学和数学的知识和修养。越是高深的知识越是要有强烈的爱好和追求。这里不妨讲一讲我国著名数学家陈景润的故事。

数学界中有许多难题尚未获得解决。这些难题，对于一般人来说，未必了解。但是“哥德巴赫猜想”，却为很多人所知晓。这是因为1978年《人民日报》发表了著名作家徐迟的长篇报告文学《哥德巴赫猜想》，把我国数学家陈景润研究这一著名难题的故事公之于众，在那“科学的春天”里，中国广大民众的心灵受到很大的震动。

“哥德巴赫猜想”（任何一个大于5的偶数，都能够表示为两个素数之和，简称“1+1猜想”），这个看起来十分清晰而简单的数学问题，自哥德巴赫提出后，二百多年来，无数数学家（包括大数学家欧拉等）和数学爱好者，对解决它一直保持持续不断的热情，发起一次次奋力攻关，虽取得不少进展，却仍未彻底攻克。

图 1-4-3　数学家陈景润

在对这个难题的攻关过程中，我国数学家，取得过骄人的成绩。其中以陈景润的成就最大。他为攻克这个难题，在“文革”极端困难的情况下，夜里借助厕所里隔墙上的微弱灯光，爬上墙头，埋头计算，以致被人误解。

为什么陈景润有如此大的决心和勇气，克服重重困难，不惜牺牲自己的健康和名誉，苦苦追求解决这个数学猜想难题呢？——这就是因为，在他的眼里，这个数学难题实在是太美了！尤其是在他感到即将取得突破时，更是不顾一切地拼命向前冲锋。在坚持不懈的努力下，他终于将这个“1+1猜想”，逼近到“1+2”。他证明了如下“陈氏定理”：任何一个大于5的偶数，可以分解为一个素数和一个至多含有两个素数因子（称为准素数）的合数之和。这个记录至今还没有人打破。

读者可以想象，“哥德巴赫猜想”这样全球关注、千万人攻关的数学难题，从“$m+n$”，简化到“$1+n$”，再一步步简化为“1+9”，“1+6”，“1+3”，要经过多少人的艰苦努力，要多少数学家花费多少不眠之夜才能得到这些思维结晶啊！陈景润居然得到了目前的最佳结果“1+2”！他能不激动吗？能不高兴得忘乎所以吗？他获得的这样高级的“数学美”的享受，是别人无法得到的。

五、美的教育意义

爱美之心人皆有之，向善之心人皆敬之。一个人外表的美丑固然重要，但是人的心地好坏，是仁厚还是残暴，则更加重要。即是说，对于一个人，仅仅有外在美还不够，必须具有内在美。人的内在美，就是我们常说的美德。社会上地位越高的人越需要有美德。

北宋著名史学家、文学家司马光在他的《资治通鉴》这部巨著的开头，就是从春秋时期三家分晋的历史说起。春秋末期，曾经称霸中原的晋国，已经衰落，大权掌握在权贵大族韩氏、赵氏、魏氏和智氏四家之手，其中尤以智氏最强大。这时智宣子已老，他要在几个儿子中选继承人。他想立最喜欢的智瑶为接班人，但受到族人智果的反对。智果说瑶有五大长处：一、长相帅，英俊潇洒；二、武艺强，孔武有力；三、多才多艺；四、聪明善辩，口才好；五、刚毅果敢，有行动力。缺点是心地残暴不仁。如果让这样的人接班，必将导致国家、家族灭亡。但智宣子不听，立瑶为智氏家族的掌门人。结果，由于瑶的残暴不仁，招致韩、赵、魏三家联手将智氏灭族。公元前 403 年，周威烈王正式承认韩、赵、魏为三姓诸侯，晋国也随之灭亡。从此春秋时代结束，战国七雄混战局面开启。

虽然“人之初，性本善”，但“性相近，习相远”。人的品德，尤其是好的品德、美德，并非完全依靠天性，还必须要靠后天的教育和培养。那么，人的美德应该如何培养呢？——主要靠教育，家庭教育和学校教育。所谓“跟好学好，跟叫花子学讨”。作为父母和学校教师，自己首先要是好人，要具有美德，然后把美德传给下一代。培养学生成为“德智体美劳”全面发展的对社会有益的人。这其中“美”就是我们所提倡的“美育”，是关于使学生认识和体验“美”的教育。而美育则包括对感性美、理性美、艺术美、科学美，以及数学美的发现和欣赏。使学生在“美”的氛围中，受到美的熏陶，感受美的快乐，接受美的教育，提高人文精神和向善、求真的意识，以达到完美品德，完善人格，达到提高综合素质教育的目的。

学校的“美育”，除了设立有关美术、音乐等艺术类课程以外，还包含在其他课程及一切学校教育活动之中。数学是学校设立的传统课程之一，数学知识又是其他课程，特别是理科各课程学习的基础。数学素质，是学生综合素质的基本组成部分。数学美与艺术美、科学美、文学美等其他各个方面都有密切联系。所以培养和提高学生对数学美的认识和欣赏水平，是学校教育、学校“美育”重要的组成部分，与各级学校、各科教师都有重要关系。

所以，提高对数学美的审美意识和欣赏能力，不仅对数学教师十分必要，而且对于学校各科教师，也都有了解和重视的需要。

第二章　数学美之为美

一、数学是真善美的完美体现

通常人们所说的美，大多数都是指形象之美、艺术之美，而说数学也是美的，却很少见。对许多普通人来说，数学就是很难的学问、困难的问题和复杂的公式，哪有什么“美”可言？但是对于数学人，特别是对数学家来说，数学符号，就是美妙的音符，对数学难题的求索，就是获取美的追求。一个数学问题得到解答，特别是数学难题得到解答，得到更简明、更优美的证明方法，就是对他们最大的奖赏，他们可以从中获得最美妙的享受。

那么，数学，美吗？如果得到肯定的回答，你们一定要问：数学究竟为什么美？在数学人的心里，“数学美”究竟表现在哪里？下面我们就来说说数学美，究竟美在何处。

（一）数学美，是真善美的真正统一

前章说过，美与真、善紧密联系，真正美好的事物和人物，都是真善美的统一。假的、恶的人和事绝对不可能是美的。即使某些恶人所作的艺术品，有一定光鲜的外貌，但一旦知道其作者的丑恶且可憎的面目，人们也会失去欣赏的兴趣，更不会去追捧。即使是所谓的科学理论、科学创作，也可能是带着真理面具的伪科学、假科学。

其实，在科学发展的过程中，也经历过似是而非的阶段。例如，古代的化学经历过炼金术迷幻时代，天文学经历过古代中国的

图 2-1-1　牛顿（1643—1727）

天圆地方说、西方托勒密的地球中心说等错误认识阶段。直到16世纪哥白尼的《天体运行论》出版，后经开普勒、伽利略揭开天体运行规律，牛顿用微积分数学理论严密证明，行星运行规律才真正被发现，使得以前有关天体运行的错误理论，回归到科学轨道。

数学是真理的叠加，在数学发展过程中，从来不允许掺杂使假。正如数学家、数学史家汉克尔（1839—1873）所说："在大多数学科里，一代人的建筑往往被另一代人所摧毁，一个人的创造被另一个人破坏；唯独数学，每一代人都在古老的大厦上添加一层楼。"所以"数学是最古老的学科之一，然而又是最年轻的学科之一"。

（二）数学使人精确，数学家不断追求完善，追求尽善尽美

欧洲文艺复兴巨匠培根说过一段名言："历史使人聪明，诗歌使人机智，数学使人精细，哲学使人深邃，道德使人严肃，逻辑和修辞使人善辩。"他还说过"知识就是力量"。其实，他说得还不够，数学不仅使人精细，还使人身临其境地感受到数学"百花园"的奇妙绝伦的美。后面我会向读者逐步展现数学"百花园"之美妙奇境，例如数字之美、数学算式之美、数学公式之美、数学图形之

美、数学和谐之美、数学统一之美、数学奇异之美，如此等等。

数学公式，虽然五花八门，外行人看了不知所云，但它们却是对客观世界所负载的事物和想象的最简洁、最精确的表述。例如，勾股定理：直角三角形的两直角边平方之和等于斜边平方，表示为 $a^2+b^2=c^2$。

这个放之四海皆准的定理，用数学公式表达得多么明确而简洁！难怪古希腊的毕达哥拉斯学派发现这一定理时，宰杀了 100 头牛来表示庆贺。故而在西方，又把该定理称为“百牛定理”。

数学家对精确的不懈追求，可以用对圆周率 π（即圆周与其直径的比值）数值的计算为例进行说明。最初，古人仅凭直观猜测，估计 $\pi \approx 3$。公元前 3 世纪希腊数学家阿基米德首先创用割圆术，以圆内接和外切正多边形周长来逼近圆周，计算得圆周率的 2 位小数近似值 $\pi \approx 3.14$。中国数学家刘徽（公元 3 世纪）独立运用割圆术，计算得出同样的结果，进而得到 4 位小数近似值 $\pi \approx 3.1416$。公元 5 世纪的数学家祖冲之更进一步，利用割圆术加合情推理（递推归纳法），求得 7 位近似值（盈朒二数）：$3.1415926 < \pi < 3.1415927$。这在实际计算时，就已经够用了。但是，数学家对于 π 的近似值，并不满足现状，不断追求更加精确的近似值。

图 2-1-2　祖冲之（429—500）

16 世纪以后，欧洲数学家发现多种 π 的分析表达式，利用它们，计算得到更精确的近似值。例如 16 世纪法国数学家韦达第一次用分析方法计算得到 π 的 10 位小数近似值。17 世纪，长期生活在莱顿（现属荷兰，原属德国）的鲁道夫（1540—1610）用手工计算得到 π 的 35 位小数近似值，达到人类手工计算的最高纪录。1946 年计算机问世以后，人们就开始在计算机上进行编程计算，使 π 近似值的小数数位迅速延伸。1987 年，首次突破亿位。1989 年，则突破 10 亿位。截至 2014 年的最新纪录，π 近似值的小数数位已经超过 10 万亿位！

现在，计算圆周率精确值，已经从实际使用价值，转变为计算机编程和算法先进性的检验比赛。这种对于精准性的追求，也是数学家对数学精确之美追求的体现。

二、数学是形与数的高度统一

现实世界，是物质世界。我们所看到的、所面对的、所接触到的万物，无不以形示人。而“万物皆数”，形与数是紧密结合、内外一体的。数学，则正是以空间形式和数量关系为研究对象的科学，而且是将形与数高度统一起来进行研究的学科。

人类认识数（识数），是人类进化的一大标志。在远古蛮荒时代，人们通过渔猎所获得的食物很少，不需要计算它们的数量。而随着人类劳动能力的提高和社会的进步，获得食物较多，才逐渐产生数量概念，产生计量和计数的需要。所以数和计数，是人类进步的重要标志。最初，“数（shù）”是从人们对食物等（例如野物、石子）用手指“数（shǔ）”出来的。

“万物皆数”是古希腊毕达哥拉斯学派提出来的，也是他们坚信不疑的信条。其原因是，他们认为数是万物内在的本质。无论什么物质，都会随时间变化而变化。如打到的猎物，吃掉了，就不再存在了，然而他们仍然记得他们曾经打到过多少猎物；那些猎物的数目，是不会消失的。进一步，若是曾用某些符号记录过那些猎物的数目，那么就更有依据了。

图 2-2-1　泰勒斯（前 624—前 547）

古希腊以几何为数学，以泰勒斯、毕达哥拉斯为代表的数学家，热衷于几何学研究。但他们寓数于形，把形与数结合起来，不仅仅研究几何图形的特性，也研究数。特别是关于无理数的发现，最为精彩。

毕达哥拉斯学派所说的“万物皆数”的“数”，实际上是专指正有理数，即正整数和正分数。数有最小的单位，其他数则都是它的倍数。把数按其大小，排列在直线上，相当于现在所说的“数轴”，一个数对应于直线上的一个点。他们称此直线为数直线（实际上是有理数数轴的正半轴）。他们认为数直线是有限可分的，直线上有最小的原子。所以毕达哥拉斯学派是“原子论”者。在此数直线上，只有代表正整数和正分数的点，即有理数的（有理）点。

这条数直线，实际也不是完整的数轴（没有负半轴，也没有无理数对应的点）。

在这种“原子论”的观点下，他们认为任何两条线段，都是“可公度”的。即可以互相辗转相除的，可以互相量尽的。因为任何线段（的长度）都是最小“原子”的倍数，所以任何两条线段都有公共的倍数（以线段表示的公倍数），因此一定是“可公度”的。这是当时毕达哥拉斯学派的一种信条。

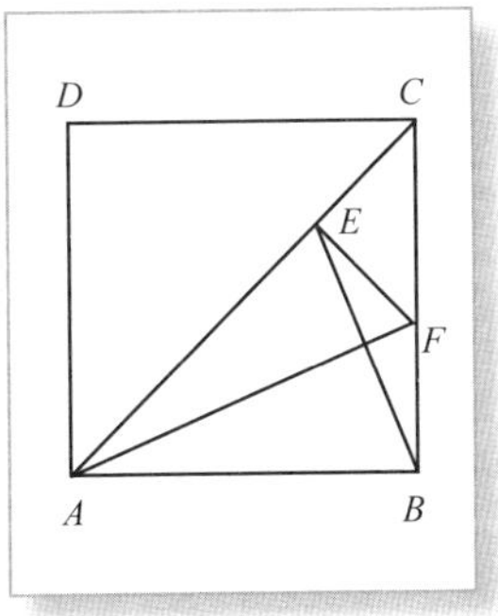

图 2-2-2

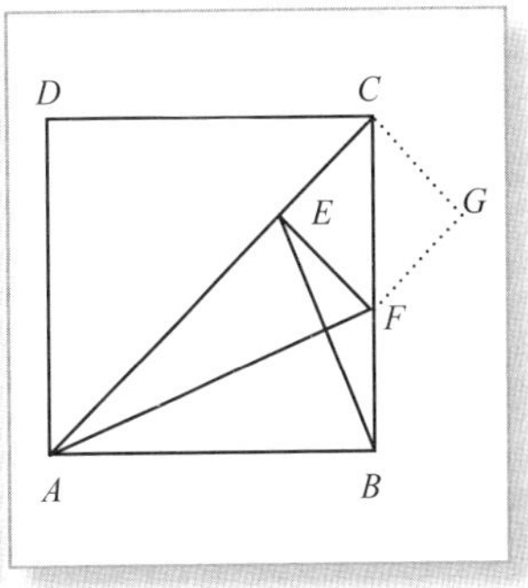

图 2-2-3

但是，该学派中有个叫希帕苏斯的成员，发现正方形的对角线与其一边却不可公度。事实上，如图 2-2-2 所示，在正方形 $ABCD$ 中，用一边 AB 来量对角线 AC，使 $AE=AB$，剩余为 CE。作$\angle BAC$分角线 AF，交 BC 于 F，连接 AF，则易知$\triangle AEF\cong\triangle ABF$（SAS），而有 $EF=BF$，且$\angle AEF=\angle ABF=90°$，于是$\angle CEF=90°$。又因$\angle ECF=45°$，故$\angle EFC=45°$，$CE=EF$，$\triangle CEF$为等腰直角三角形，于是 CE 与 CF 又成为另一个小正方形 $CEFG$ 的一边与对角线，如图 2-2-3 所示。因此，又回到原来的问题：用正方形的边来量它的对角线。如此便出现循环往复，以至于无穷的困境。也就是说，正方形的边与对角线，二者不存在公度线段，即正方形一边与对角线是不可公度的。

因为每一次公度，都只能产生一个（有理）数。现在发现有不可公度的两条线段，亦即发现了一种新数——竟然不是（有理）数。这便动摇了该学派“万物皆数（有理数）”的基本信条。据说为了维护学派的基本信条，信徒们便把这种“怪数”的发现者希帕苏斯，投入大海淹死了。这成了科学史上第一个冤案，并由此而引发“第一次数学危机”。但正是由于无理数的发现，使数域突破了有理数的藩篱，人们认识了实数的存在，使数学向前迈进了一大步。

可见，无理数（实数）正是在形数结合研究的过程中诞生的。

黄金分割和黄金数，又是一个形数结合产生的奇花异果。所谓黄金分割，是一个几何作图问题：在一条线段 AB 上作分点 D，使 AB 分为大小不等的两段（$AD>DB$），而使全段与大段之比，等于大段与小段之比（故也称为中外比），即 $AB:AD=AD:DB$，或者说使大段为全段与小段的比例中项：$AD^2=AB\cdot DB$。

如果设 $AB=1$，$AD=x$，便有 $x^2=1\cdot(1-x)$，从而有 $x^2+x-1=0$，解得 $x=\frac{-1\pm\sqrt{5}}{2}$（只取正值）。据此，可以设计作图方法如下：以 $AC=1$，$BC=\frac{1}{2}$ 为两直角边，作 Rt$\triangle ABC$，如图 2-2-4 所示，则有：$AD=AE=AB-DB=x=\frac{-1+\sqrt{5}}{2}$。

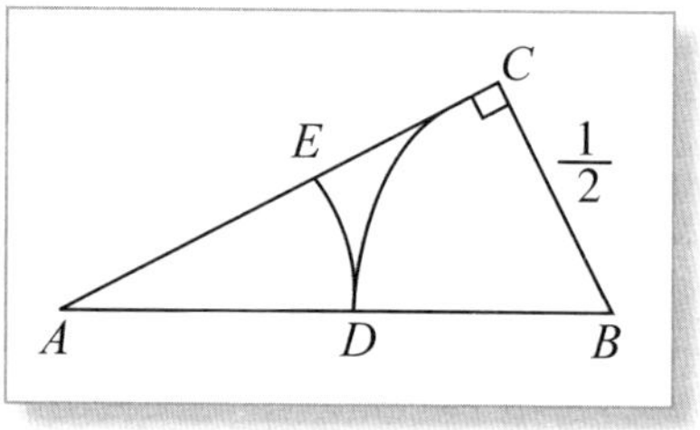

图 2-2-4

E 点称为线段 AC 上的黄金分割点。$\omega=x=\frac{-1+\sqrt{5}}{2}$ 便是黄金数（或黄金比），取其三位（实际是四位）小数近似值，便得 $\omega=$

0.618。它在欧洲中世纪的绘画、建筑和很多方面都有重要的应用，所以获得“黄金数”的美名。

由上式可得 $x(x+1)=1$，$x=\frac{1}{x+1}$，若将分母中的 x 用其分式表示式带入，便得一繁分式，再一步步迭代，便得到黄金数的连分数表示式：

$$\omega=\cfrac{1}{1+\cfrac{1}{1+\cfrac{1}{1+\cfrac{1}{1+\cdots}}}}$$

将其无限尾部弃掉，便可以得到它的近似分数：$\frac{1}{2}$，$\frac{2}{3}$，$\frac{3}{5}$，$\frac{5}{8}$，$\frac{8}{13}$，…若将其分子排成一列，即得：1，2，3，5，8，13，…这便是著名的斐波那契数列。这在后面还会详谈。黄金数与斐波那契数列，在优选法的应用中大显身手，是优选法的数学理论基础。

形数结合的例子，比比皆是。以后我们还会见到很多。万物运行，皆有自然规律，而自然规律无不可以用数学公式表述。这便是“形中有数，以数表形”的根本原因。

三、数学是运动的艺术

远古时期的人们，虽然没有科学知识，但是他们能通过眼、耳、鼻、舌、皮肤等人体器官接触外界，可以观察和感知到天地万物在不停地运动：天空中的风雨雷电，夜晚的月亮和星辰闪烁，冷暖寒暑的周期变化，花开花落，四季更迭，如此等等。

当然，古人最易感知的是天地形状和季节变化。因为这与人类的生存关系最大。天高难问，只能想象。中国的先民们最初的想象是“天圆地方”，即所谓“盖天说”。古人吟唱道：“天似穹庐，笼盖四野。”形状为圆的天，怎么能盖住四方形的大地呢？有人解释道：盖不住的大地四角，是大海。大海太远，无人能到。于是又出现“浑天说”和“宣夜说”。但都因不能自圆其说而不了了之。

西方古哲人对天地观测，不仅注意记录和总结，而且善于思考和推理。古希腊托勒密提出了“地心说”的宇宙模式，认为日月星辰，都以地球为中心，在各自不同的圆形轨道上周而复始地运行。直到16世纪，哥白尼提出“日心说”，而后伽利略、第谷和开普勒等，通过多年对天文观测数据的分析总结，论证了“地心说”的错误。实际上，包括地球在内的各个行星，都以太阳为中心，在各自的椭圆轨道上运动，而太阳则在椭圆的一个焦点上。“日心说”科学地解释了地球上人们所感到的四季更迭、天上星座周期变化的规律。17世纪，牛顿更进一步，运用新发明的微积分理论，著《自然哲学的数学原理》（1687年），在前人工作的基础上，提出万有引力公式，将天体运行的规律，建立在严密的数学理论基础之上。

图2-3-1 太阳系行星运行轨道略图

如果说音乐是听觉的艺术，绘画是视觉的艺术，那么数学就是一切运动的艺术。没有什么运动，不能用数学公式进行表述和描述。在数学家眼里，数学符号和数学公式，就是关于天地万物运动的艺术。

试看地球公转运动：

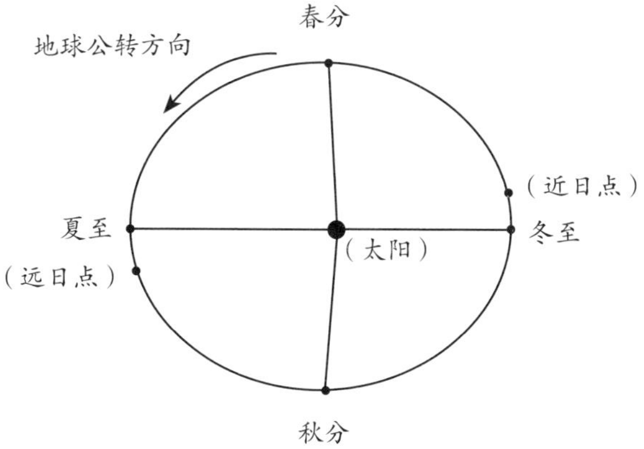

图 2-3-2　地球绕太阳公转图

地球在一个近似于圆的椭圆轨道上运动，太阳在椭圆的一个焦点上（如图 2-3-2）。通过精确计算，我们可以知道地球椭圆轨道的长、短半轴及两个焦点的位置。于是就可以知道地球与太阳的远距离数据、近距离数据，以及地球的运行速度。根据开普勒第二定律，太阳与地球的连线扫过的面积与时间成正比，而连线每扫过 15° 为一个节气，所以在近日点附近的两个节气之间的时间较短，而在远日点附近的两个节气之间的时间较长。通过计算，便可以确定地球一个回归年的时间长度、每个季节的节点时间。对于中国传统的阴阳合历的历法制度而言，还有设置闰月、确定二十四节气时刻等，结果都可以准确地被计算出来。

如此远大无边的天地万物，都可以运用数学公式加以精确计算，真是令人惊叹不已，多么伟大的艺术啊！数学家的数学艺术，难道比艺术家的艺术逊色吗？

公式 $h=\frac{1}{2}gt^2$，描述了物体在只受重力作用下自由落体的距离与时间的关系，其中 g 为重力加速度，在一般中低纬度地区，其值定为 9.80 米 / 秒 ^{2}。

又如速降线数学公式，刻画出了一个有质量的物体最快降速所经过的运动轨迹。悬链线数学公式，则描述了一个质量均匀的绳索，在自然悬挂情况下的形态。

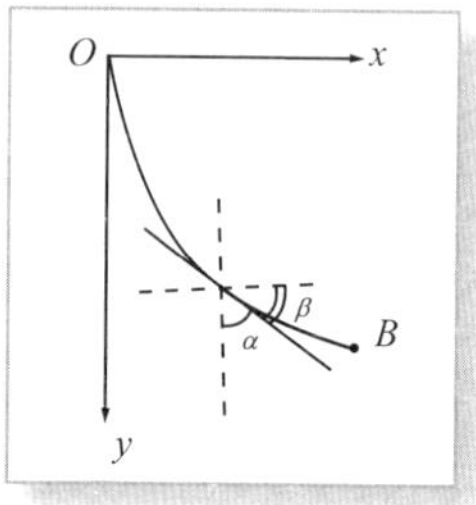

图 2-3-3　速降线

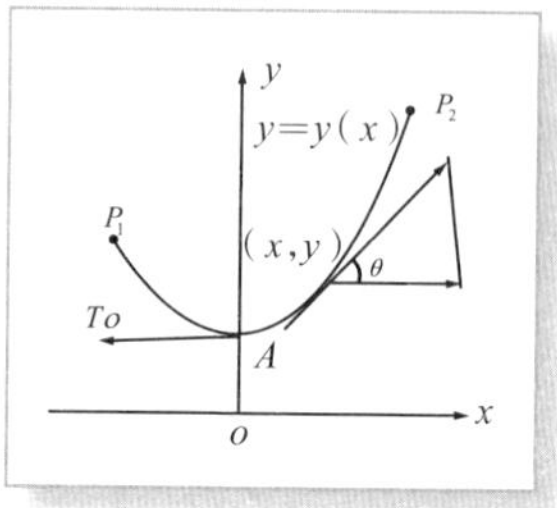

图 2-3-4　悬链线

即使是现代数学，如群论、非欧几何、拓扑学、分维度几何等，也是现实世界中各种对称运动、混沌运动和大宇宙空间运动的反映，及对其进行研究的工具。

四、数学是思维的体操、智慧的催化剂

按照我国著名科学家钱学森对学科的划分，数学既不是人文科学，也不是自然科学，而是一个独立的学科，就其研究的对象和模式，应该属于思维科学。著名革命家和思想家加里宁（1875—1946）直截了当地说出了“数学是思维的体操”这句名言。实际上，与其他学科相比，数学更加注重对人们思维的训练。

人类因能够思维，能够使用生产工具，而从动物群体中脱颖而出，成为动物之“王者”。但是人的思维能力和聪明程度，是有区别的。固然思维能力受先天的基因基础影响，但后天的培养和接受教育，对其影响更大。数学家华罗庚说过：“天才在于积累，聪明在于勤奋。”被认为是20世纪最聪明的科学家的爱因斯坦也说：“我没有什么特别的才能，不过喜欢寻根刨底地追究问题罢了。”

其实一个人所谓的聪明和才能，不过是善于思考，喜欢寻根刨底地追求问题的解决。而“学问”本身，也就是一“学”二“问”，而学和问，都需要接受教育（家庭教育和学校教育），并养成习惯，坚持不懈。

接受教育，当然说的是德智体美劳的全面教育。就学校课程学习而言，也是要学习各种文化课程和科学知识。为什么要特别强调数学学习的重要性呢？这是因为数学学习可以帮助人掌握思维形式和思维活动的规律。

人的思维，大致分为三种：形象思维、抽象思维和灵感思维。而这三者是递进关系。特别是灵感思维，是人的创造性思维，是高

级思维活动，是人的智慧的表现。而智慧则是人最宝贵的素质和品质。数学则是人的智慧的催化剂。

（一）何谓智慧?

智慧，是人们经常说的一个词语。但是，要问“究竟什么是智慧？”却有多种不同的理解。通常人们的理解是：智慧就是智商和聪明。《辞海》上的解释是：“对事物能认识、辨析、判断处理和发明创造的能力。”在佛教经典中，将梵文“般若”翻译成智慧，其本义为“如实了解一切事物”。

这样解释，把智慧与能力、智力混为一谈，并没有把智慧的真意说明白。为了把智慧与知识、能力区别开来，我们不妨从“司马光砸缸”这一著名的历史故事说起。

相传北宋政治家、文学家和历史学家司马光，小的时候和许多小孩子在一起玩耍，其中一个小孩不小心，翻入一口大水缸中。如果不及时去救起这个小孩，那么，时间一长，他就必死无疑。

这是一个常识，也是一种知识。正是因为有了这种知识，所以大家着急。要是没有这种知识，是不会有人着急的。

2-4-1　司马光砸缸

这时，如果有人跳到水中把这个小孩

救起来，或者用某种工具，从水缸里把孩子捞上来。那么，这就是一种技能。

而司马光却用一块石头，把缸砸破，让水流出来，小孩自然得救。这就是智慧的表现。从这个故事中，我们可以清楚地看出：知识、技能（能力）和智慧相比，是不同层次的概念。与知识、技能相比，智慧是更高层次的内在本领，只有少数人才具备的高级能力。

这个故事还可以帮助我们理解智慧所表现出来的特征：

第一，智慧，只有在解决困难问题时，才能表现出来，它是动态的，而非静态的。

第二，灵活运用简单的知识和方法，巧妙地、出乎众人意料之外地解决问题，才是智慧。

第三，智慧是一种高级思维——灵感思维活动。运用智慧解决问题的方法和途径，是非常规的、独创的、前人所没有发现过的，而且基本上是不能重复的。

通常人的思维分为感性思维和理性思维。而灵感思维，是超越了这两种思维，而又综合了这两种思维的高级思维方式。一个人只有在经过长期的、紧张的思维过程之后，才会出现灵感思维。在灵感思维的过程中，才有可能闪现出智慧的火花。

在当今“知识爆炸”的时代，对于我们每个人来说，增长智慧比增长知识和技能，更为重要。

知识和技能，是大多数人通过相关课程的学习，能够学到和掌握的，只是各人领会和掌握的程度有所不同罢了。而智慧，却是无法在课堂上学到的。因为，智慧“只能意会，不能言传”。

（二）我们怎样才能获得智慧和增长智慧?

首先，要学习和掌握多方面的基本知识和技能。因为知识和技能虽不是智慧本身，但却是智慧生长的基础。知识越多，知识面越广，基本技能越熟练，产生智慧的基础就越深厚。古人说“熟能生巧”，就是这个道理。没有知识，或知识较少的人，在现代社会里是谈不上有什么智慧的。

其次，要勤于思考，善于思考。我们平常所学的知识，都是事物的一个断面，是静态的，而且各不联系。我们学习以后，要将各种知识联系起来，加以分析和综合，使所学知识在我们的大脑中“联动”起来。这样才有可能产生新的知识板块和新的知识结构，才能在已有知识的基础上有所发现、有所发明、有所创造、有所前进。

最后，要勤于动手，勇于实践，在实践中解决问题，尤其是困难的问题。知识本身是死的，只有在解决实际问题的实践中，才能将知识越用越活。“活”用知识，才能够激发出智慧。

一般来说，在解决困难问题时，要综合运用多方面的知识，采用各种方法和手段，探索解决问题的多种途径，进行艰苦的、长期的、紧张的思维和动手试验，以至多次反复。这样才有可能“急中生智”。这个“急”，就是指人的思维处于高度紧张状态之中。而这正是出现灵感思维的必要条件，是产生智慧的良好环境。

数学是思维的科学，是人们，特别是青少年思维的体操。所以，数学学习，是提高人们思维能力、激发灵感思维、培养智慧的重要途径。

数学智慧，是指在数学学习活动——实际问题的数学解决中，所表现出来的智慧。这在数学史上有许多精彩的典型事例。例如，中国古代数学家祖冲之巧测冬至点，刘徽创设立体模型——牟合方盖，以求解决球体积计算问题；古希腊数学家阿基米德用力学方法解决数学问题，欧几里得的公理化方法；近代数学家欧拉“图”解哥斯尼堡的“七桥问题”，哈代用初等数学方法解决令人们困惑的“色盲遗传”难题；等等。

历史是一面镜子。数学智慧的这些精彩事例，虽然不能重复，很难模仿，却可以给后人以极大的启示。我们在学习数学的过程中，可以借鉴前人和古人的经验。对于科学史上运用数学智慧解决难题的成功之例，我们要仔细思考，悉心体会这些伟大数学家解决难题的思想方法、活用知识的窍门，学习他们锲而不舍的钻研精神，学习他们攻坚克难的勇气和实事求是的科学态度，以及他们不囿于前人成法、独辟蹊径的创造精神，从而激发和提高我们创新思维的意识和能力，增长解决问题特别是解决困难问题的勇气和才干。这对于我们有重要的“启智”作用。

与其他学科中的问题相比，数学问题中的难题最多，所以对那些思想活跃的青年学生来说，最具有吸引力。青年学生的思想就是这么奇怪：越是困难的问题，越是能够吸引他们的研究兴趣，提高他们的关注度。同时，研究数学问题，无须什么设备和条件，只要有一张纸、一支笔和一个头脑即可，因此也最容易进行。哥德巴赫猜想、费马定理等世界著名难题，能够吸引那么多人的关注和兴趣，能够那么长久地被人们孜孜不倦地研究，就是例证。

此外，我们所面临的实际问题——社会生产和生活中的现实问题，特别是那些困难问题，都可以用数学知识、数学方法来解决，即所谓“数学地”解决。

正因为如此，在数学学习和研究中，激发人们灵感思维的机会越来越多。学习数学，运用数学思想和数学方法来解决问题，特别是那些困难问题的数学解决，是人们增长智慧的最好、最为简便、最有成效的方法。

让我们在前人和古人智慧的昭示下，在数学学习和问题解决的活动中，培养自己的思维能力和创造能力，增长智慧。

数学思维之美，其最高表现形式，是数学逻辑证明之美。我们举出历史上著名的两个数学证明例证，就可以略见一斑。

例 1. 证明素数有无穷多个。

这是古希腊时期提出并被证明的难题之一。素数，是除了 1 以外，只有 1 和它本身两个因数的正整数，如 2，3，5，7，11，13，17，19，…可以不断列举下去。但是要证明没有最大的素数，或者说素数有无穷多个，就牵涉到无穷，便成为一个非常困难的问题。欧几里得在《几何原本》中给出如下巧妙证明，既简洁，又无懈可击。证明如下：

用反证法：假如素数不是有无限个，而是只有有限个，那么就可以假设素数有 n 个：p_1，p_2，p_3，…，p_n。那么这几个素数的乘积加 1，即 $N=p_1p_2p_3\cdots p_n+1$ 必然也是一个正整数，因此它不是素数就是合数。

因为 N 是两项之和，两项应该有相同的因数。它的前项是所有素数之积，故能被任何一个素数 p_n 整除，但是 N 的后项是 1，显然不能被任何一个素数整除。这是个矛盾，这说明 N 不能被任何一个素数整除。但是已经假设，所有素数都尽在于此，所以，N 除了它本身外，没有素数因数，所以它必然是素数，而且与所有素数 p_1，p_2，p_3，…，p_n 都不同，即它是一个新的素数，而这与素数只有有限个的假设相矛盾。既然素数不是只有有限个，当然就有无限多个。命题便得到证明。

例 2. 证明$\sqrt{2}$不是有理数（即是无理数）。这也是欧几里得证明的。

证明也是用反证法。证明如下：假设$\sqrt{2}$是有理数，便可设为一个分数，不妨设$\frac{p}{q}=\sqrt{2}$（既约分数）。

将等式两边平方，得 $2q^2=p^2$，于是 p^2 应是偶数，因此 p 也是偶数。等式两边约去 2，由此推出 q^2 也是偶数，故 q 也是偶数。既然 p、q 都是偶数，那么$\frac{p}{q}$就不会是既约分数，与假设矛盾。这个矛盾说明假设错误，即$\sqrt{2}$不可能是一个既约分数，所以$\sqrt{2}$不是一个有理数，而是一个新数，称之为无理数。

从以上两个数学难题的证明，可以看出数学逻辑证明之简洁明了，而且不容置疑。除了数学方法之外，用其他任何方法和手段，都不可能进行说明，更不用说是证明了。

我们学习数学，应该重视数学问题的研究和解决，因为问题，被普遍认为是“数学的心脏”。不仅如此，问题还是数学趣味的源泉。许多数学家、数学爱好者，都是因为对解数学题目着迷，而爱上了数学，从而选择数学作为终生奋斗的事业。

首先，数学的内容就是由问题组成的。数学定理是问题，数学公式是问题，数学例题、习题更是问题。没有问题，就没有数学。

学习数学，如果不做题目，那就等于没学。数学教师，如果不会解题，那就是不合格的数学教师，是不会受学生欢迎的。

其次，数学问题是推动数学发展的动力，数学理论正是在解决问题——理论问题和实际问题中前进的。研究数学，就是为了不断研究问题、解决问题——数学自身的问题和现实世界提出的问题。

20 世纪之初，由希尔伯特在世界数学家大会上提出的 23 个数学问题，开启并主导了整个 20 世纪的数学研究，吸引了全世界数学家的目光，在某种程度上左右了百年来世界数学发展方向。多少数学家被这些问题所吸引，为研究这些问题而痴迷。

最后，数学与文学虽有巨大差异，但也有相通之处，即对于真、善、美的追求是相同的。数学中的问题好比是文学中的诗歌，都是人类思维的精华所在。一首经典好诗，可以长久地萦绕人心，让人终生不忘。其吸引人们心志的魅力，只有数学问题可以相比。一个数学问题也可以长久地存放在人们的脑海中，魂牵梦绕，昼思夜想，非求得解决不可。而且数学题越做越想做，越做越有趣。

图 2-4-2　中国数学家华罗庚

我国著名数学家华罗庚，就是从做初等数学题起步，最终成为一代数学大家。陈景润为解决“哥德巴赫猜想”而废寝忘食，不顾“文革”中遭受的迫害，在夜深人静时，趴在厕所墙头上利用那盏小灯的微光，孜孜不倦地在草稿纸上埋头计算。是什么力量促使他能够在如此艰苦的条件下，如此长时间地努力奋斗呢？这只有一个解释：数学问题的魅力实在太大！

我国另一位著名数学家杨乐，于 1979 年在安师大教学大楼，为芜湖市中学生做过一次科普报告。他在回答学生“您为什么选择数学作为终身职业”的提问时说：“我对数学的兴趣，产生于中学时代，我在证明三角形垂心定理时，发现了书本以外的一种新证明方法，受到数学老师的肯定。这使我对数学产生了浓厚的兴趣和学习数学的信心，最终使我在报考大学时，选择了数学专业。”

另一个例子是安师大附中的一个学生，一个对数学痴迷的数学爱好者——王枫。他从初中一年级开始，就利用双休日到书店看高等数学书籍，一年以后，他就读完了微积分、高等代数、解析几何和半本复变函数，而且会做其中的习题，这说明他确实已经读懂了这些高等数学内容。上高中后，他两次进入中国数学冬令营，后被北大数学学院破格选录。他现在早已博士毕业，在浙大数学研究所工作。有人问过他为什么如此痴迷数学，他说是因为在小学参加数学竞赛时，受数学老师指导，做了不少有趣的

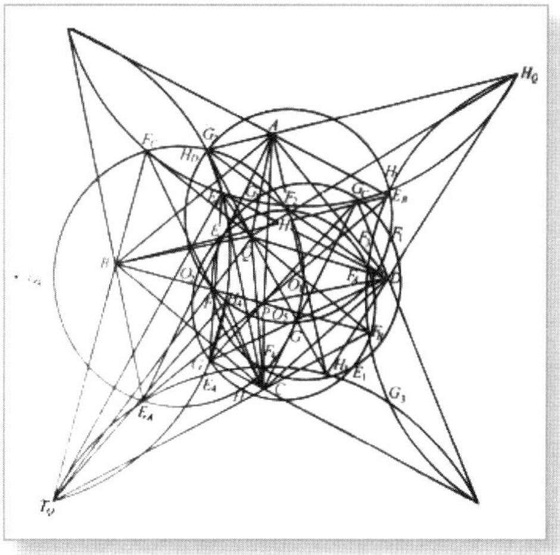

图 2-4-3　尚强主编《几何题解》中的图形之一

题目。从此就爱上了做数学题，越做越觉得有趣。家里没有数学书看，就到书店里去看，看上瘾了。

本书作者之一——尚强本人，也是因为在少年时代就喜欢做几何题目，而爱上数学，现在还喜欢琢磨几何难题。其他许多数学爱好者的经历，也都能够证明：数学问题，确实具有特殊的魅力，是数学趣味的源泉。

数学问题本身，富含多层文化意义，承载多种人文精神。所以，在数学教学中不应排斥做数学习题。相反，应该发扬数学问题中的文化意义和人文精神，把解决数学问题作为一种研究来对待，使学生从中不仅获得数学知识，而且还能获得智慧，获得文化享受。

当然，在数学教学中，对待数学题，不能简单地重复练习，更不能搞“题海战术”，不是做题越多越好。

做数学题，首先要对数学题有所选择。题目要扣人心弦，解题要讲求思想方法，讲解解题思路要能够引人入胜，使人听了如沐春风。数学证明过程，要合情合理，令人口服心服。

数学问题，虽然并不都是现实世界的实际问题，但是即使是纯理论题目，也一定有实际背景和理论来源。而理论来源归根结底是现实问题的反映。也就是说，数学问题，大多数是现实的、具体的实际问题的模型，是其他领域里出现的问题的典型。因此，解决数学问题，可以帮助人们去解决其他领域的现实问题，可以启发人类智慧，帮助人们在科学研究中攻坚克难。所以数学解题研究本身，可以触类旁通，开启人类的心智，间接地助推社会前进。

因此，在文化数学的建设中，应该高度重视数学问题的开发，以及解题研究方法，使得问题解决（即做数学题）能够在更大的程度上激发学生的智慧。

五、数与算式之美

（一）数字之美

数字，即 1，2，3，…，何美之有？且看下面的举例。

1. 奇数与偶数

1，3，5，…奇数者也，有无穷多个。2，4，6，…偶数者也，也有无穷多个。它们二者相间排列，构成整个正整数集合。

两个奇数之和为偶数，而两个偶数之和，仍为偶数。一个奇数与一个偶数之和却是奇数。

关于偶数有一个著名的猜想——哥德巴赫猜想：任意一个大于 5 的偶数，可以表示为两个素数之和（简称为 $N=$“1+1”问题）。欧拉将其改为等价命题，任意偶数 n，只要 $n>5$，就可表示为两个素数之和，如 $8=3+5$，$10=5+5$，$12=5+7$，$14=7+7$，…有人已经用计算机对大于 5 的 10 万以内的偶数进行验证，这个猜想都正确。但是因为偶数无穷多，不可能一一验证。用实际计算去逐个验证的不完全归纳法，是无法证明此猜想的。时至今日，这个猜想，仍旧只是猜想。

在 100 多年前，1919 年，挪威数学家布伦，将哥德巴赫猜想弱化，改作：任何一个大于 5 的偶数都能够表示为两个素数因子不超过 6 个的合数之和，简称为 $N=$“6+6”定理（1932 年已被英国埃斯特曼证明）。由此思路前进，合数的因子个数被不断缩小。到 1940 年，已经有人证明了 $N=$“4+4”。这之后，我国数学家王元连续证明了 $N=$“3+4”和 $N=$“2+3”。

与此同时，匈牙利数学家兰恩开辟了另一条思路——大偶数是一个素数与一个不超过 6 个素数因子的合数之和，他证明了 $N=$“1+6”。我国数学家潘承洞于 1962 年证明了 $N=$“1+5”，紧接着，王元证明了 $N=$“1+4”。1966 年“文革”前夕，陈景润证明了 $N=$“1+2”。这是迄今为止世界上最好的结果，被称为“陈式定理”。

你看，从一个不起眼的偶数问题，引出了如此激动人心的大问题。这真是数学花圃中的一朵奇葩。

哥德巴赫猜想，也可以用奇数来表述：任意一个大于 7 的奇数，可以表示为一个奇数和两个素数之和。其实质与上述猜想内容一致。因为任何一个大于 7 的奇数，总可以分成奇数 3 与一个大于 5 的偶数之和，这便成为前面欧拉改述的猜想的表述。

2. 素数与合数

所谓素数，就是除了 1 与它本身以外，没有其他因数的正整数。最小的素数是 2，接着便是 3，5，7，11，13，17，19，23，29，31，37，41，43，47，53，59，…除了第一个素数 2 是偶数外，其他所有素数都是奇数。

关于素数的第一个话题，就是素数有多少个。前面已经说过，素数有无穷多个，而且首先是由欧几里得在《几何原本》中用反证法证明的。

从素数序列的前几个素数，便可以发现，素数的分布是不规则的。在1—10区间内有三个素数，在11—20区间内却有4个素数，在21—30区间、31—40区间内各有2个素数，在41—50区间内有3个素数。那么，素数的分布到底有没有规律呢？这是个至今还没有定论的数学难题。正因为是个极难的难题，所以，一直吸引着很多数学家关注和努力攻关，虽然尚未解决，但是已经发现很多有趣的、关于素数分布的逼近公式。

3. 孪生素数

在素数序列中有一些相邻的素数（两数间只隔一个偶数），如3，5，7（一组“三胞胎”），11与13，17与19，29与31，41与43等，都是孪生素数，100以内有8对孪生素数，最大的一对是71与73；1000以内有35对孪生素数，最大的一对是881与883。但与素数出现的情况一样，孪生素数也有无穷多个，其分布也无规律可言。例如在601—700之间有3对孪生素数（617与619，641与643，659与661），但在661—809之间，间隔超过140个数字，却没有一对孪生素数！

到2002年，人们找到的最大一对孪生素数为33218925×2169690−1与33218925×2169690+1，是18072位的大数。但是，关于孪生素数是否有最大值，或者说，孪生素数是否有无穷多个，到目前为止，也没有定论，是个未解之谜。

4. 完全数

一个正整数N，如果它的所有因数（除去它本身）之和，正好等于它自身，即被称为完全数。最小的两个完全数是6和28。试看，6 的因数为 1，2，3，而 $1+2+3=6$。28 的因数有 1，2，4，7，14，它们的和为 $1+2+4+7+14=28$。

完全数，最早是毕达哥拉斯学派提出来的。他们认为这样的数非常完美，故以“完全数”命名之。欧几里得在《几何原本》中还给出一个判别完全数的定理：如果 $1+2+2^2+2^3+\cdots\cdots+2^{n-1}=2^n-1$ 是素数，则 $2^{n-1}(2^n-1)$ 是完全数。6 和 28，分别对应 $n=2$，3 的情况。后来，人们根据这个定理，找到一系列完全数。如对应 $n=5$，得 496；对应 $n=7$，得 8128，都是完全数。

1644 年法国数学家梅森提出猜想：当 $n=2$，3，5，7，13，17，19，31，67，127，257 这 11 个素数时，2^n-1 是素数。后经多位数学家验证果然如梅森所言，分别找到对应的 11 个完全数。其中第 8 个对应 $n=31$ 的完全数，是由已经双目失明的欧拉，仅凭心算得出的，堪称奇迹。为纪念这位猜想大师，人们把形如 2^n-1 的数，称为“梅森数”。不过，梅森漏掉了一个 $n=61$（素数），其对应的 $M_{61}=2^{61}-1$ 也是一个梅森数，$2^{61-1}(2^{61}-1)$ 是第 9 个完全数。到 2013 年为止，已经发现的梅森素数有 48 个，最大的一个，其数字位数超过 1000 万。

但是，数学家科尔于 1903 年却证明当 $n=67$（素数）时，对应的 $M_{67}=2^{67}-1$ 不是素数，而是一个合数。从而对梅森猜想给出了否定证明。

这个故事说明，数学的某些猜想，在没有彻底证明之前，只能是猜想。而如果能举出一个反例，便立即给予否定证明。2010 年，年仅 21 岁的中国年轻数学家刘路，就是用举出反例，证明（否定证明）了“西塔潘猜想”（后面还要细说）。

如果把一个正整数的所有因数（包括该数本身）相加，和等于该数的2倍，则说这个数是2倍完全数。那么，有没有3倍，以至多倍完全数呢？回答是肯定的。

据王青建编著的《数学开心辞典》（书末所附参考文献[8]）所载，现在发现的3倍完全数有6个，其中最小的是120。120的因数有1，2，3，4，5，6，8，10，12，15，20，24，30，40，60，120，容易求得它们的总和等于360，恰是本数120的3倍。

经数学家和数学爱好者们不断努力，人们还发现30240和32760是两个4倍完全数，以及5倍，乃至8倍完全数。目前已经发现的多倍完全数超过1000个，其中8倍完全数就有400多个。可见，仅就正整数而言，关于完全数这一个特种数，就是个“富矿”，有那么多丰厚的宝贝可挖。

5. 亲和数

与完全数有关系的，是亲和数。其意义是：若A，B是两个正整数，而A的所有因数（不包括该数本身）之和等于B；B的所有因数（不包括该数本身）之和等于A。那么，就称A，B为一对亲和数。第一对亲和数是220和284，是毕达哥拉斯发现的。读者可以自行验证。自那以后，寻找亲和数的进展很慢。因为寻找亲和数，关系到两个数的因数，要发现它们，就困难多了。直到1636年，法国“业余数学之王”费马才发现第二对亲和数，$17296=2^4\times23\times47$与$18416=2^4\times1151$（读者可以自行验证）。其后笛卡尔也找出一对亲和数（据书末参考文献[10]）。到1750年，大数学家欧拉一口气找出59对亲和数（他发表的62对亲和数中有3对错误）。欧拉的杰出数学发现，鼓舞了很多后来者，不断发现新的亲和数。至今人们已经发现1000万多对亲和数。其中有一对较小的亲和数（1184和1210）是由一个16岁的小男孩发现的。

亲和数的推广形式，是多个正整数因数之和循环一圈：A的因数和等于B，B的因数和等于C，……最后又回到原来的A。例如12496（A）的真因数（不包括该数本身）之和为14288（B），B的所有真因数之和等于15472（C），C的真因数之和等于14536（D），而D的真因数之和等于12496，又回到了原来的正整数A。于是$A \rightarrow B \rightarrow C \rightarrow D \rightarrow A$形成5个循环亲和数。

6. 雷劈数（卡普利加数）

印度数学家卡普利加（Kaprekar）在一次雷阵雨后，见到公路旁一块标有数字3025的里程碑被雷劈为两段，其两块上的数字分别为30和25。作为数学家，卡普利加对数字有特殊的敏感性。他敏锐地发现这两个数字之间有着巧妙的联系：两块上的数字相加之后再平方，竟又回到原来的数，即

$$(30+25)^2=55^2=3025$$

于是，人们便称这类数为卡普利加数，或雷劈数。

这种奇怪的“雷劈数”，还有别的吗？至今人们已经找到几十个这样的“雷劈数”。例如：01，09，45，99，703，22222，…

$45^2=2025$，而$20+25=45$；

$99^2=9801$，而$98+01=99$；

$703^2=494209$，而$494+209=703$；

$22222^2=493817284$，而 $4938+17284=22222$；

…………

近来，有位数学老教授李长明先生发现一类有趣的卡普利加数。文章发表在《高等数学研究》上。

7. 数字排列和移动

a）将 1，2，3，…，9 这九个数字排列成三行，使其成三个三位数 a，b，c，能否使 $b=2a$，$c=3a$？这是一个实习教师，面对一群顽皮的初二“差班”学生临时想出来的一道智力游戏题。谁知，就是这道数字排列题，把躁动的学生“镇住”了，使得他们逐渐安静下来，认真思考。而且有一位学生居然还想出了一个正确答案。这说明有趣的数学题，能够引起学生的兴趣，促进其对数学题目的积极的思维活动。

那么，这个数字问题的答案是什么呢？那个学生首先得到的答案如下：

$a=327$，$b=654$，$c=981$。

其实，除此以外，还有三组答案：

$a=273$，$b=546$，$c=819$；

$a=192$，$b=384$，$c=576$；

$a=219$，$b=438$，$c=657$。

至于是否还有别的答案，倒是个困难的问题。因为，一时找不到，并不等于不存在其他答案。这需要仔细分析，排除一切其他可能。

b）在等式中能够移动的数字

一般来说，在一个确定的数字等式中，各个数字的位置是固定的，不能随便移动。不然，等式便要被破坏。但是有的等式中的数字，却很奇怪地可以移动，而使等式仍然成立。当然这种情况是罕见的。正是因为罕见，所以人被好奇心驱使，容易产生研究兴趣。《数学开心辞典》中提供了一些有趣的实例。

例 1．在由 1，2，…，9 组成的等式 18×297＝5346（数字不重复）中，能够将其中的数字 9，从 297 中移动到 1，8 之间，而使得等式仍然成立，即 198×27＝5346。

你感到惊奇吗？这就是数学的奇异美！你还能发现其他类似的能够移动数字的等式吗？——请看：

例 2．27×594＝16038，将 9 移动到 2 与 7 之间，而得 297×54＝16038；36×495＝17820，将 9 移动到 3 与 6 之间，而有 396×45＝17820。

这两个等式中的 9，都从乘式的第二个数中移动到第一个数的两个数字之间。多么奇怪，又多么美妙啊！至于其他类型的等式中也有类似怪异的现象出现。

例 3．以下无理等式，数字可以自由进出根号：

$$\sqrt{10\frac{10}{99}}=10\sqrt{\frac{10}{99}};\ \sqrt{7\frac{7}{48}}=7\sqrt{\frac{7}{48}}$$

一般的有：$\sqrt{a+\frac{a}{a^2-1}}=\sqrt{\frac{a^3}{a^2-1}}=a\sqrt{\frac{a}{a^2-1}}$

可见，数字移动到根号外，是有理论根据的，并非随便移动。

数字能够移动，运算符号也能在等式中移动。例如：

例 4．8×767123287＝876712328×7

奇怪吧！算式中数字的顺序没有变，而其中的乘法符号“×”，却从开头移动到了末尾。

后来人们还发现数字等式中指数符号也能够下移。请看：

例 5．$2^5\times9^2=2592$；$3^4\times425=34425$。

例 6．$2^5\times\frac{25}{31}=25\frac{25}{31}$；$11^2\times9\frac{1}{3}=1129\frac{1}{3}$。

数字等式中这种数字、运算符号移动的奇异现象，还有许多。读者可以在书后的参考文献中找资料去看，或者自行研究。或许能够发现数字等式中一些新的意想不到的奇异之美。

（二）异形算式的奇异美

1. 循环节的循环

$\frac{1}{7}=0.\dot{1}4285\dot{7}$

这是以 7 为分母的单位分数，是个循环小数，循环节为 6 位。若将这个循环节 6 位小数分别加倍，便得到其各个倍数如下：

$2\times142857=285714$；

$3\times142857=428571$；

$4\times142857=571428$；

$5\times142857=714285$；

$6\times142857=857142$。

若再以 7 相乘，则得全 9 数：$7\times142857=999999$。

其实，如此情况是有数学理论根据的。凡是素数 p，以 p 为分母的单位分数，有 $p-1$ 位数字循环节，则必有以此循环节倍数循环的现象；若以 p 相乘，则必得全 9 数。例如以 19 为分母的单位分数 $\frac{1}{19}$，是个有 18 位小数循环节的循环小数。其循环节的倍数，也有类似现象。

2.“吉祥数”8

8，这个普通的数字，在某些地方（如我国南方）被美化，甚至是被神圣化。例如，宾馆或酒楼，即使是二、三层楼的房间（包间），也要编号为 281，282，…或 821，822 等等。

在数字算式中，含 8 的数字，也有特别的花样形式。

例 1．正整数的平方数的末尾数，只能是 0，1，4，5，6，9，不可能是 8。但是正整数的立方数的尾数，却可以是 8，88，888。

立方数的末尾数为 8 的正整数尾数只能为 2。经检验，一位数只有 2 一个；两位数有两个：42 和 92，它们的立方数的尾数均为 88：$42^3=74088$，$92^3=778688$。

立方数尾数为 888 的正整数只能是三位数，共有四个：192，442，692 和 942。

例 2．数字 8 的魔力分数数列：

$$\frac{9}{1},\ \frac{98}{12},\ \frac{987}{123},\ \frac{9876}{1234},\ \frac{98765}{12345},\ \cdots,\ \frac{987654321}{123456789}$$

分子递减，分母递增。这个分数数列，还可以延续。分子依照递减法则，应该为：9876543210，98765432100+（−1）=98765432099，987654320988，9876543209877，…分母则递增，应该加 10，但又只增加一位，故为 1234567900，以下应该是 12345679011，123456790122，…若寻其规律，分母可表示成无穷级数$\sum\limits_{k=0}^{\infty}(k+1)\left(\frac{1}{10}\right)^k$，分子则为$\sum\limits_{k=0}^{\infty}[10-(k+1)]\left(\frac{1}{10}\right)^k$。

分子数列之和为$\frac{800}{81}$，分母数列和为$\frac{100}{81}$。

二者相除则得商数，恰好是 8。亦即上述分数无穷数列中，分子数列之和，与分母数列之和，二者之比，恰好是 8。岂不妙哉!

3. 缺 8 数的奇妙性质

$N=12345679$ 是个缺 8 数，我们来看它的 9 倍数有何特点：

$9N=111111111$，$2\times9N=18N=222222222$，

$3\times9N=27N=333333333$，…，$9\times9N=81N=999999999$。

若用 3 的倍数（9 除外）去乘它，则又会得到另一类特殊形式的“三位一体”数，如：

$3\times4\times N=12N=148\ 148\ 148$，$3\times5\times N=15N=185\ 185\ 185$，

$21N=259\ 259\ 259$，$24N=296\ 296\ 296$，$78N=962\ 962\ 962$……

如果倍数再大一些，乘积便增加一位，但也有奇异的形式。如：

$84N=1\ 037\ 037\ 036$，$87N=1\ 074\ 074\ 073$，

$165N=2\ 037\ 037\ 035$，$807N=9\ 962\ 962\ 953$……

把首位数加到末尾数上，仍然是“三位一体”。

4. 宝塔算式

$$13^2=169$$

$$133^2=17689$$

$$1333^2=1776889$$

$$13333^2=177768889$$

可以再往下算出宝塔的基层。

又如：$22\times22=484$

222×22=4884

2222×22=48884

22222×22=488884

…………

多么有趣的算式宝塔！类似的算式宝塔，还有很多。有兴趣的读者，可以参看王青建先生主编的《数学开心辞典》。

5. 无据算式

例 1

```
      8888
  ×   3333
----------
        24
      2424
    242424
  24242424
    242424
      2424
  +     24
----------
  29623704
```

例 2

```
       77777
  ×    66666
------------
           7
         777
       77777
     7777777
  + 777777777
------------
   864180247
  ×        6
------------
  5185081482
```

这两个算式，若按算术运算法则来说，是没有根据的，即是无据运算。但是其最后结果，确实正确无误。容易算得：

8888×3333=29623704；77777×66666=5185081482。

六、几何图形之美及其应用

对称图形具有对称美，是人们最容易感受到的形式美。

基本几何图形——直线、线段、等腰三角形、正多边形，圆、椭圆、双曲线、抛物线，以及立体图形中的正多面体、圆柱、正棱锥、正圆锥等，都是对称图形。曲线中的摆线、心脏线、悬链线、双叶线、玫瑰四叶线等，也都是对称图形。直线形端庄，正直；曲线形柔美，舒展。它们都令人心情愉悦。所以许多建筑物，都利用数学中的对称性，进行设计。例如，古希腊的神庙（图 2-6-1）、中国的古塔（图 2-6-2）等等，大多是对称外形。

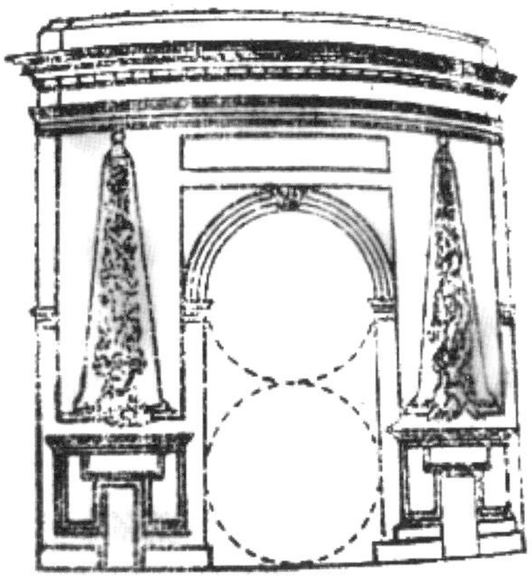

图 2-6-1　古希腊时代的雅典神庙

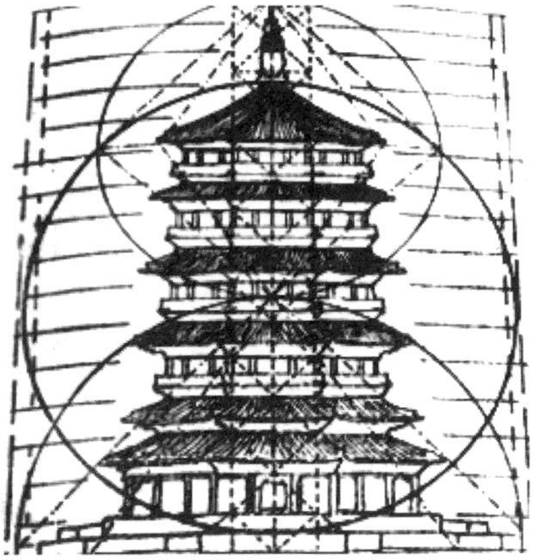

图 2-6-2　中国宋代的应县木塔

在建筑物的构型上，直线形，可以彰显其雄伟高大，刚劲有力，多见于高大建筑物，如神庙、高楼大厦等；曲线形，则可以突出其优雅柔美，多见于桥梁、高速公路立交桥等建筑。下面列举一些著名建筑物（图 2-6-3 至图 2-6-6）。

图 2-6-3　跨越大江的悬索桥，悬索呈悬链线形

图 2-6-4　港珠澳大桥——空前的施工难度、顶尖的建造技术

图 2-6-5　埃及胡夫金字塔（等腰三角形）

图 2-6-6　希腊帕特农神庙

胡夫金字塔和帕特农神庙这两座世界著名建筑物的外形，都是可以放在一个长宽满足黄金比的黄金矩形之中。图 2-6-7 的加拿大国家电视塔，它的工作大厅的位置也在全塔的黄金点上。这说明从古至今，数学美在大型建筑中都有体现。

图 2-6-7　加拿大国家电视塔

（一）数学对称美及其在解题中的应用

时间无头无尾，空间向任何一个方向都可以不断地延伸，而相对的两个方向都是对称存在的。世界万物都是对立统一的，都包含有矛盾的两个方面，这两个方面是对立的。而统一就包含在对立之中。这反映在数学上就是对称性。

正数与负数、运算与逆运算、命题与逆命题、微分与积分，以及对偶定理、对偶命题等等，都是对立统一的，都含有对称的意义，并包含奇异的和谐。正方形、菱形、圆、圆锥曲线等，都是对称图形。数学式子中的对称性，也时有所见，如对称多项式、对称不等式。

在解题时，利用图形和式子的对称性，往往可以收到事半功倍的效果。

例 1. 如图 2–6–8，六边形 $ABCDEF$ 的各个内角相等，且 $AB+BC=11$，$FA-CD=3$，求 $BC+DE$ 之值。

分析与求解：题目中所给的六边形，是一个不对称的图形，处理起来就比较复杂，不易发现已知量和未知量之间的联系。如果把它化为一个对称图形，那么问题就容易解决了。能做到吗？

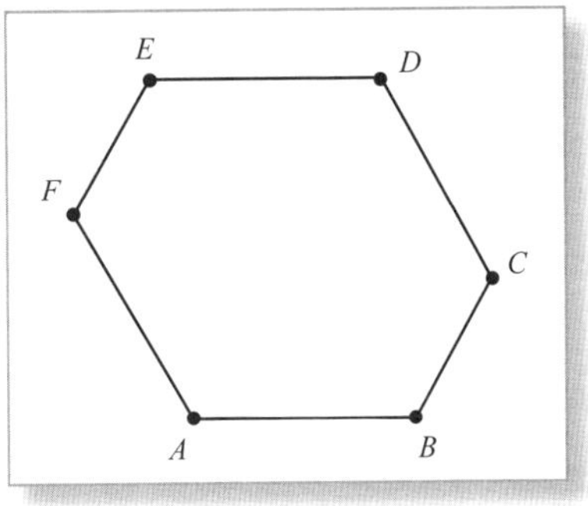

图 2–6–8

我们来试一试。

这虽然是一个不规则图形，但其中有规则的因素：它的六个内角都相等。根据多边形内角和定理，知道它每个内角都等于 120°。于是我们有以下几种方法，来构造规则的对称图形。

方法 1：如图 2–6–9，将各边延长，构成一个正三角形 PQR。如图设线段，则 $AQ=FQ=f$，$CR=BR=b$，$DP=EP=d$，从而，$PQ=d+e+f=QR=f+a+b=PR=d+b+c$，于是，$BC+DE=b+d=PR-c=(a+b+f)-c=(a+b)+(f-c)=11+3=14$。

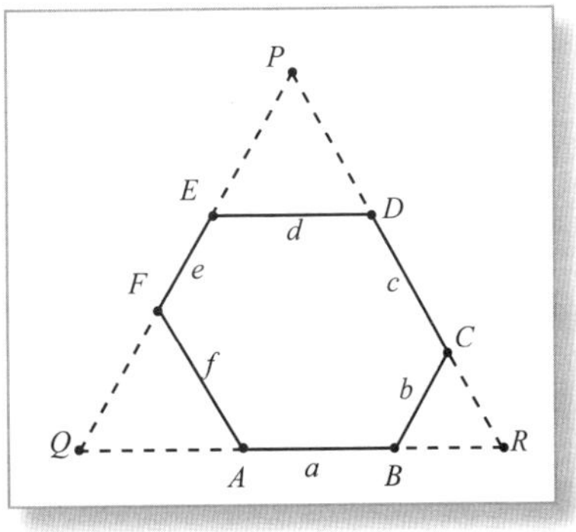

图 2–6–9

方法 2：如图 2–6–10，延长 BA、EF 交于 P，延长 BC、ED 交于 Q。如图设线段构成平行四边形 $PBQE$，则 $DC=CQ=DQ=c$，$AP=AF=PF=f$，且 $a+f=c+d$，故 $d-a=f-c=3$，从而 $BC+DE=b+d=b+d-a+a=(a+b)+(d-a)=11+3=14$。

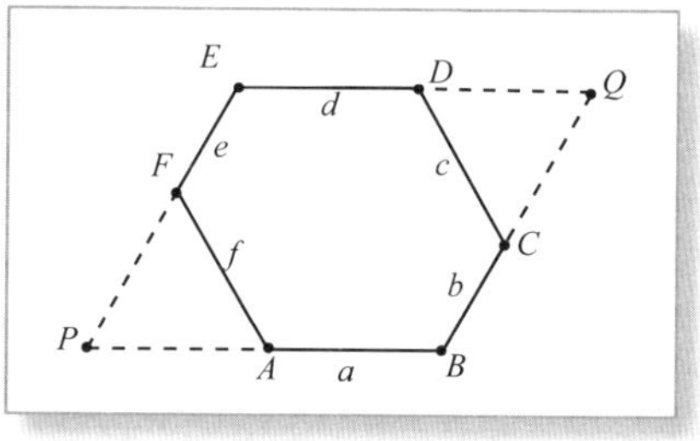

图 2–6–10

以上证明的思想，就是将原来不规则的图形，补成规则的、对称的图形。此外，我们还可以将它补成其他类型的对称图形，如长方形、等腰梯形等。大家可以试一试。

（二）非对称几何曲线

例如，射线、不等边三角形、非等腰梯形、任意四边形、任意多边形、阿基米德螺线、对数螺线等，都是非对称图形。它们各自都有优美之处，表现之一，便是非对称的奇异美。尤其是在造型上，无论是在自然界，还是在现代建筑的体现上，都是另类“怪物”。它们突破常规，打破传统，另辟蹊径。

如自然界中许多奇异的生物，其外表奇形怪状，具有非对称的奇异之美。再如，世界著名的悉尼歌剧院（图 2–6–11），其外形为曲顶蛙形，且大小、高低不同，独具魅力。而其最大的妙处是，建筑内部的聚音效果特别好，能够使任一座位上的观众，都能够清晰地听到舞台中央的歌声，回声、杂音干扰都减到最小。我国 2020 年通过竣工验收工作的雅西高速公路（图 2–6–12），穿行在高山峡谷之间，被称为云中天路。重庆市区路网（图 2–6–13），则纵横交错，多层立交重叠，充分展现了曲线之美。这些建筑都包含精妙数学思维和高超数学技术，都是数学美外化为形式美的体现。

图 2-6-11　悉尼歌剧院外形

图 2-6-12　雅西高速公路——天路雄姿

图 2-6-13 重庆市区高架立交桥之美丽风景

第三章　数学大美至简

凡是美的事物，无一不是简单的、和谐的、秩序井然而统一的。

请看这两幅描绘诗句“大漠孤烟直，长河落日圆”意境的几何图形（图 3-0-1，图 3-0-2）：

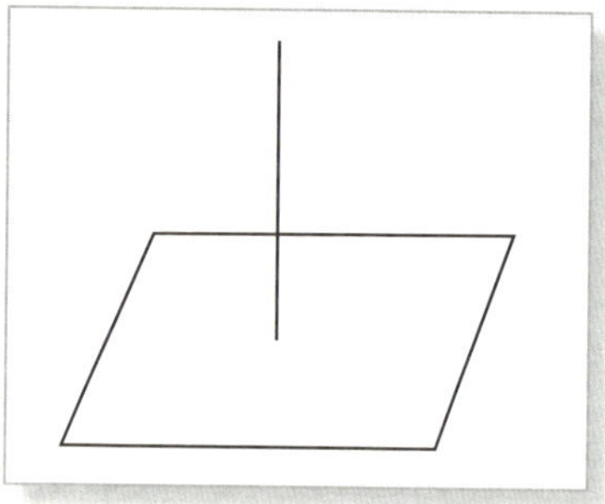

图 3-0-1

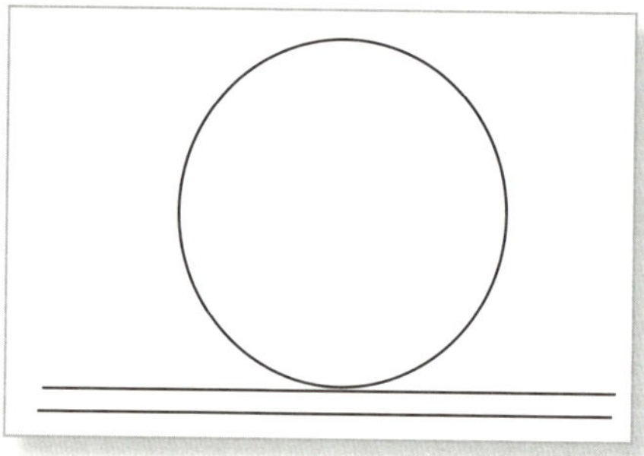

图 3-0-2

图画是多么地简单，而它所蕴含的诗意，却又是那么地优美！

为人们赞美和咏叹的自然景物最多的，无非日月星辰、山川湖泊，它们也是极其简单而宁静的景物。为文人墨客所描写、所感叹的美文、好诗，也无非春夏秋冬更替，风霜雨雪变化，喜怒哀乐之情，也是那么地平常。

图 3-0-3　数学家欧拉

人们最喜欢的图形是圆。一个以 O 点为圆心，以 r 为半径的圆，若用数学符号，即可表示为⊙（O，r）。多么地简单而明确。

数学中被认为最美的数学公式，

是将五个最著名、最重要的“数”——0，1，无理数 π，e，虚数单位 i，联系在一起的欧拉公式：

$$e^{i\pi}+1=0$$

它是多么简单而美妙！

从古代希腊人，到中世纪的欧洲人，都认为天地万物、日月星辰，是上帝按照数学公式安排的。支持日心说的第一人伽利略（1564—1642）说：“大自然是数学语言写成的。……天地、日月星辰都是按照数学公式运行的。”世间万物的纷乱繁杂，一旦归为数学公式描述，就一切和谐有序，按照既定的规律运行。

在欧洲“黑暗”的中世纪尚未结束之前，数学家、哲学家笛卡尔（1596—1650）在研究科学方法论时，寻求真理的思路便是：把一切问题归结为数学问题，把数学问题归结为方程问题，求解这个方程，求得它的解，便能得到所要解决的问题的答案。

图 3-0-4　笛卡尔

他认为：只有这样运用数学方法，经过计算所得到的结果才是真理。

近代数学家加德纳（1914—2010）也这样说：“数学的真谛就在于不断寻求越来越简单的方法证明定理和解决问题。”我国著名数学家王元也说过：“数学之美，说到底就是简单。”

数字 1，是最简单不过的了。但“一元复始”，是天地万物的出发点，是新年开始的第一天。1，是计数的起点。没有 1，哪来

2？如中国古代伟大哲学家老子在《道德经》中所说：道生一，一生二，二生三，三生万物。

再从现代数学集合论的观点来看，1，是与只含一个元素的集合一一对应的所有集合，对数量上的特性的抽象。若用空集 Ø 表示 0，那么只含一个元素的集合 {Ø} 就对应 1。这真可以说是“无中生有”。

人们还赋予某些数字以特殊含义，在中国民众的口中，经常用含有数字的成语，或口语，来表述种种复杂的意象。如：

一来二去、接二连三、三心二意、三老四少、四舍五入、五颜六色、七上八下、八九不离十、九九归一、十拿九稳，如此等等。

读上一遍，便能够感到数字的魅力，感到数字的简洁明确和极强的概括性。

再说数学公式，一个再复杂的问题，一旦建立数学模型，化为数学问题，又经逐步简化，化为二次方程问题，那么直接带入二次方程求根公式，就彻底得到解决。在人类发展的历史上，人们遇到过许许多多十分困难的难题，都是因为利用数学方法，而得到解决。这些精彩事例，在以后的篇章中，我们会经常提到。

总之，数学之大美在于：万物皆数，万象归宗，万物互联。欲知详情，请看下回分解。

一、万物皆数

（一）人类对世界本源认识的追求

古代人自有思维能力之后，面对天地万物，大多数人茫茫然、昏昏然。

但其中的智者、哲人，却不满足自然的支配和赐予，思考和追寻着万物的本源为何的问题。东方的中国华夏先民，曾经认为万物的本源是“五行”，即金、木、水、火、土这五种基本元素；而西方先民则有以火为尊的拜火教，有崇拜太阳神的古希腊民众。毕达哥拉斯及其学派则以数为宗，认为“万物皆数”。

图 3-1-1　毕达哥拉斯

毕达哥拉斯（前580至前570之间—约前500）是古希腊伟大的数学家和哲学家。他出生在爱琴海东岸小亚细亚沿海的萨摩斯岛上。年轻时他到埃及、巴比伦等地游学，40岁后回到故乡，不久迁到意大利南端的克罗托内，创立一个有宗教色彩的政治、学术团体，并以他的名字命名。后人称之为毕达哥拉斯学派。这一学派把“万物皆数”作为信条。他们认为：一切事物都是由其本原构成的，从它派生出来的，最后又复归于它。这个本原就是“数”。

例如，有五个人，尽管他们各不相同，性格各异，寿命长短不一，即使其中有人死了，或者若干年后都死了，但是曾经有过五个人的事实，却是永远存在的。物去而数自在。所以说，这个数“5”就是这五个人的本原。

毕氏为什么会有如此的认识呢？他认为万物的形态都在变化，其中不变的只有它的“数”。所以“数”是万物的本原所在，是万物存在的元素。万物皆是“数”的反映，是数的不同的表现形式。简而言之，就是“万物皆数”。他把这一口号，作为该学派不可动摇的信条。这其中所说的“数”，当时只限于有理数，而且是正数，即是正整数和正分数。

同属于毕氏学派的著名人物菲洛劳斯所说的如下一段话，可以让我们更好地理解这种思想。他说：任何一种东西之所以能够被认识，是因为其中包含一种数；没有这种数，心灵不能思考，也不能认识任何东西。

不过，那时毕氏及其学派，是从几何的角度，来认识和说明数的，即寓数于形之中，把数附属于几何图形。把单个的数（正有理数）称作“线段数”，两个数的乘积称为“面积数”，三个数的乘积呢，则称为“立体数”。而四个数或四个以上数相乘，则不被允许，因为没有相应的几何意义。

数是怎么得到的呢？对于“可数”的离散物体，如手指、石子、野兽等，可以用数（数数）得到。若连续量，没法数，可以用一个单位量作为标准，来度量出它的数量。对于线段，则可以用一个单位长的线段作为标准，来度量它的长短。如果能量尽，即得（正）整数；如果量不尽，便用剩余的零头，来量第二条线段（即单位线段）；若再量不尽，再用第二次剩余来量第一次的剩余线段。如此辗转相量（辗转相除）。他们认为：最后总能有除尽的时候，从而得到原来两条线段的最小公共除尽的线段（最大公约线段）。于是，原来两条线段都是这个公约线段的倍数。所以，在毕达哥拉斯眼里，任意两条线段都有公共最大公约量（基本单位线段）。所以，“线段数”只有（正）整数和分数。那时没有负数的概念。

由此看来，毕达哥拉斯是原子论者。即他们不认为线段是无限可分的，线段有最小的单位，最小组成部分，把它称为“原子”。因此，任何两条有限长度的线段，辗转相除，都是可以互相“量尽的”（可公度的）；不存在两条不可公度的线段。

后来该学派中有个成员叫希帕苏斯的，他发现正方形的对角线与其边不可公度（已如前述）。

因为每一次公度，都只能产生一个有理数。现在发现有不可公度的两条线段，亦即发现了一种新数——竟然不是正有理数（现在称为无理数）。

今天看来，毕达哥拉斯的这种“万物皆数”的哲学观，并不合乎科学。数是物的抽象存在，怎么能说是万物的构成的本原呢？但是这种哲学观，却大大提高了人们对“数”和数学的关注和研究兴趣，使得演绎数学得以诞生，使数学成为开启所有科学的金钥匙和奠基石。这又功莫大焉！

（二）东方哲学家的呼应

世界人类的历史，往往有一种神奇的同步现象：在远隔万里的东西方不同地域的人们，在没有任何交往和联系的情况下，竟然能够有完全相同，或大体相同的想法和思维方式。作为对毕达哥拉斯“万物皆数”观点的呼应，在东方的中国，在大致相同的年代里，居然有十分相似的观点和论断。老子（约前 571—前 471）是中国第一位伟大的思想家和哲学家，他与毕达哥拉斯处于同一时代，两人可以说是绝对没有任何联系的可能性。但是，奇怪的是他俩似乎心有灵犀一点通，都对数情有独钟，都对数有强烈的崇拜。

图 3-1-2 老子和《道德经》

老子生活在我国的春秋晚期，比孔子约年长 20 岁，姓李名耳，字聃，“老子”是后人对他的尊称。孔子曾经问学于老子。老子的整个哲学体系的核心范畴是“道”，提出了天道无为的思想，反对天道有知的宇宙观。在老子以前和老子的时代，人们认为天是有意志的，是最高的神，可以主宰万物，人世间的一切都是由它决定的。老子经过考察、了解自然界的变化，认为天只不过是一种物质，它没有意志，不能主宰人世间的吉凶祸福，“道”才是天地万物的本源。那么，“道”是什么呢？他解释说：“有物混成，先天地生。寂兮寥兮，独立而不改，周行而不殆，可以为天下母。吾不知其名，字之曰道。”意思是说，有一个浑然一体的物质，在天地出现之前就已有了。它看不见，听不到，摸不着，独立地存在，按照一定的规律循环运行着。它产生万物，它是宇宙万物之母，我不知道如何称呼它，就给它起个名字叫“道”。

“道”在老子的心目中是无形、无象、无体的，是世界万物的本源。那么，“道”是怎样演化出万物的呢？他说：“道生一，一生二，二生三，三生万物。”他又强调说：“人法地，地法天，天法道，道法自然。”即人以地为根据，地以天为根据，天以道为根据，道以自然为根据。

老子的这些话，也说明他认为所谓“万物”，其本质，不过是“一，二，三”等数字的不同表现形式而已。其思想实质，与毕达哥拉斯“万物皆数”的观点，何其相似乃耳！

除了老子以外，中国古人也赋予“数”以特殊意义。如“天数”“气数”“定数”等。把国家兴亡、事业成功与否、人的寿命长短与数字联系在一起。

老子的这种“三生万物”的思想，对中国古代的算学，影响至深。在周朝，作为教育的科目有六种：礼、乐、射、御、书、数。把数学用一个“数”来表示。后来的中国古代数学经典著作，从先秦的《算数书》《周髀算经》到《九章算术》，以及宋元时代的《数书九章》《四元玉鉴》，无不都是由问题、算法（术）和答数所构成。将实际问题的内容和结果，都归结为数的运算，而以数字答案作结。这些“算经”，并没有如古希腊数学著作那样，以证明为主形成理论。即使是一些重要的数学定理，如勾股定理、孙子定理等，也都是以数字的特例来表述的。如前者表示为“勾三股四弦五”，后者表示为“三三数之剩二，五五数之剩三，七七数之剩二”。

这里要说明一点，中国古代数学的这种特点，并不能埋没数学的理论价值，只不过是“寓理于算”，数学的理论包含在算法之中。这种算法思想，与现在的计算机的原理（程序化、机械化）一样，对数学的发展同样起了很大的推动作用。

（三）“万物皆数”的现代意义

1. 物质的形态，取决于其组成成分的数量特征，观察事物要了解其中的“度”。

万事万物，其存在的形式尽管各种各样，以至于看不见的空气、宇宙尘埃，其形态都有质与量的实在表现。空气，是由各种气体分子组成的，其中主要成分是氮气（约占 78%）和氧气（约占 21%），其余约 1% 为氦、氖等稀有气体。每种气体，又是由大量气体分子组成；每种气体分子，又由不同的原子组成，表现为不同的分子量。这里面就有数量关系。地球之所以适合人类生存和居住，其中的一个重要原因就是地球大气中的各种成分比例得当。而其他星球，如火星、金星、水星等之所以没有生物存在，原因之一便是其上的大气成分失当。

所以，我们在观察事物的时候，了解其中的“度”，是很重要的。这个“度”，就是数量的界限。例如地球上的氧气的含量，过多或者过少都将威胁人类生存，这就是“度”的重要性。而“度”在一定程度上可以用“数”来表示。

又例如，水有三态——在标准大气压下，在0℃～100℃以内为液态；达到100℃就变成气态（水蒸气）；而到0℃以下，水就变成固态——冰。所以，水的三种形态，取决于温度度数的多少。这也是“万物皆数”的一个直观说明。

在日常生活中，有“凡事要做到心中有数”的古训。就是说，万事万物都有质与量两个方面，超过了某一个限度（可以用数来表示），事情就要发生质的变化。就如水的形态一样。这方面的教训太多。“心中有数”是人们在长期的生活经验中总结出来的经验教训。如果办事“心中无数”，就要犯错误，出毛病，把事情办砸，事倍而功半。如果做到“心中有数”就能事半而功倍。

即使是在文学作品中，亦是如此。后面我们会举出多个事例来说明。

2. 事物或事情力量的对比，包含数量特征。

任何事物，都是由互相矛盾的两个方面组成的，即所谓“一分为二”。但这两个方面，并不是完全对等的，是由二者的力量对比而决定的。例如，战争的对立双方的态势，是由双方军事实力决定的。但是双方力量的对比，又不断变化。当主要方面的力量逐渐减弱，次要方面的力量逐渐增强，就可能改变双方的力量对比，使原来的主要方面，降低为次要方面，而原来的次要方面则成为主要方面。中国的抗日战争，就是最好的说明。战争之初，中国处于弱势一方，日军力量远强于中方。而经过几年的战争进展，加上国际势力的介入，日军力量逐渐消减，中国军力则逐渐加强。到了最后阶段，中国在国际反法西斯同盟国的支持下，转败为胜，终于使日军战败投降。这场战争双方力量对比的变化，不是虚假的、空洞的、无根据的，而是双方军队、武器、人力、物力等因素，在数量上对比的变化所表现出来的。

任何其他事物的发展进程，也是由具体事物的数量上的变化而实现的。例如中国现代化建设的发展成就，不是凭空“吹”出来的，而是由一系列的物质生产数字构筑起来的。所谓“由数字说话”，就是这个道理。从各种物质产品逐年产量增加，就可以说明生产的发展速度和现代化的进程。

3. 用数字说话，可以使人信服。

任何事物的发展，大至一个国家，小至一个人，都是由一系列物质数量的变化构成的。一个国家的实力，要看其经济总量、生产力的水平、国家的总人口，以及人口的年龄构成比例、劳动力的效率、消费者物价指数（CPI）等具体数据。中国被世界认可为全球第二大经济体，就是通过对中国经济总量的测算所得出的数据说明的。

就以一个人的成长过程来看，也是由一系列数字来反映的。他几岁入学，读过几年小学，几年中学，成绩如何，几岁上大学，读了几年大学，几年研究生，等等，都要用数字来说话，不能无根据地凭空胡说。用数字说话，能检查论点是否真实可信，能使人相信论点。

一个人的健康状况如何，也是由身体检查得出的一系列数据来决定的：身高、体重、血压、血脂、血糖、血液酸碱度以及各种成分数据，身体各种微量元素的数量等等。亦即人的健康是由数字说话的。

青年人报名参军，身体条件需要用体检报告来证明。尤其是空军飞行员的体检，要严格得多，需要的体检项目更多，需要的体征数据更多。即需要更多的数据，才能证明这个人是否能做飞行员。

由此可见，“心中有数”的论断，在当今的信息社会里，更有显著意义，因此也更加重要。

4. 如果心中无数，那么就可能犯错误，办事出问题。

我们先来列举与数学有关的文学作品。

例 1. 唐代著名诗人白居易的著名长篇古诗《琵琶行》，是列入高中语文课本的好诗。但是它在序言中却说错了话，有数字上的错误。他在诗前的序言中说：“元和十年，……是夕始觉有迁谪意。因为长句，歌以赠之，凡六百一十二言，命曰《琵琶行》。”其中所说的“言”，就是指“字”，意思是说这首诗共 612 个字。这数字说得对吗？

这诗是七言古诗，每句皆为 7 个字，共有 88 句，总数的末尾数应该是 6，怎么会是 2 呢？计算一下：$7\times88=616$。果然，全诗共有“六百一十六言”才对。怎么算少了四个字呢？那只能说，这是白老先生的大意和疏忽，没有做到“心中有数”。

例 2. 当代电视剧《党员二楞妈》中有一个情节：二楞妈因为砍了公家 8 棵树，被县林业局罚款 3000 元。她经过调查，发现林业局干部自己偷砍了 89 棵树，于是便告到县里，要求按照罚她的标准来处罚林业局的这些人。提出应该对他们罚款 27600 元。

对不对呢？她算错了。你想：8 棵树就罚 3000 元，那么 80 棵就应该是罚 30000 元，加上 9 棵 $3000\div8\times9=3375$（元），合计应该罚他们 33375 元才对。二楞妈少算了 5775 元。对于二楞妈来说，这可不是一个小数目啊。按道理说，她不会这么宽待林业局干部的，那为什么会少算呢？该不是有意丑化二楞妈“不识数”吧？不会。因为二楞妈是个正直的党员，是电视剧中的典型正面人物，第一主演。那是什么原因呢？——只有一种可能：是该电视剧的编剧们“心中无数”所致。

这说明，即使是编电视剧，也要做到“心中有数”才行！

5. 数字和数字技术。

数字，即表示数目的文字，如一、二、三、1、2、3 等，都是数字。数字除了用来做数学计算以外，作为独立的文字，还有特殊的用处。其实，数字作为一种技术的应用，古已有之。只不过是人们没有意识到罢了。下面略举几例。

例 1. 用数字来给书籍编写页码。

给图书的每一页按照先后顺序用正整数来编号（编页码），是最常见的数字技术。但就是这简单的数字技术，古代文人却不会应用。

中国在东汉蔡伦改进造纸术以前，是用竹简和木简来作为书写材料的。竹简、木简，是在竹片或木片上，用刀刻文字或符号，来进行思想表达和记录史实，亦称为“简书”。例如，西汉司马迁所写的《史记》，最初就是用竹简写成的竹简书。竹简书，虽说是一部书，实际上是用麻绳穿起来的一卷竹简（所以古代书籍以“卷”计数，而不是“本”）。据说汉武帝每天所看的大臣奏折，有两大筐之多，要由两人抬进宫来。

但是，竹简书有一个缺点，如果时间长了，一旦穿竹简的麻绳断了，竹简书就散成没有次序的一把竹简，那就很麻烦了。在考古工作中，现代出土的古代竹简书，就遇到这样的麻烦。因为当时的竹简书没有编页码，穿绳烂掉，就不知道竹简的顺序，一捆竹简就不称为一部书了。虽然经过专家们研究，根据每根竹简的内容进行调整，但还是很难完全分辨清楚前后顺序，从而可能造成页码颠倒、错乱。这种错乱，在考古学上有一个专门的名称，叫做“错简”。可见用数字（正整数）给书的页码按照顺序编号，就是很重要的一种数字技术。古人没用这项技术，就给今人造成很大的麻烦。据说湖北几十年前发现的先秦时期的古算书《算数书》，就因为错简，考古人员用了多年时间，才弄清楚前后顺序，刊发出来。

例 2. 用数字给剧院、影院的座位编号，给体育场的座位编号等。试想，如果不给剧场或体育场的座位编号，不给对应的观众座位票编号，那么，观众就没法确定座位，演出和比赛也没法有序进行。

例 3. 为一个单位的办公场所、居民的居住小区设置门牌号码，也是数字技术的应用。虽然简单，但若不这样，众多外形、结构相似的楼房会给人们进行空间定位带来许多不便。

例 4. 八卦和二进制数码。

我们通常用的是十进制计数制度，即用十个不同的数字，代表十个数，进行计数。现在世界上大多数地区的通用数码字，大多是印度 – 阿拉伯数码 0，1，2，3，…，9。这是因为人类在远古时期，最初都是用十个手指计数，故用十进制最为方便。而且印度 – 阿拉伯数码，大多是一笔写成的，故使用和书写简单便利。但是，除了十进制以外，人类还用过其他计数制。如古巴比伦人用过六十进制；古罗马人用过五进制和十进制混合计数法；古代英国某些部落用过十二进制；玛雅人用过二十进制；等等。17 世纪德国数学家莱布尼茨创用了二进制。二进制的好处是，只需要两个符号来计数，就够了。

图 3-1-3　八卦图

其实，在 3000 多年之前，中国古人发明的八卦，就已经有二进制的思想萌芽了。传说“文王画卦”，公元前 1100 年，周代开国之君周武王的父亲周文王在被商纣王囚禁期间，创用蓍草表示出阴爻（– –）和阳爻（—）两个符号（称为两仪），两两排列出不同的四种形式（四象）。再将四象加上一爻，排列成八种不同排列，而称为八卦。若再将这八卦两两组合，便得出了六十四卦。

当时人们就用这种卦象，进行占卜，对一些重要的大事件，进行预测，希求上苍给予人们以启示。特别有趣的是，在这八卦之中蕴含了二进制的初步思想。它包括了所有前64个三位二进制数，很了不起。17世纪，进入中国传教的西方传教士，将中国八卦传入欧洲，并被正在研究二进制的数学家莱布尼茨了解到，使莱氏大喜过望，认为二进制早已被3000多年前的中国古人发现，十分惊叹，并写信给当时中国执政的康熙皇帝，建议中国应该成立科学院，进行科学研究。

二、万类归宗

人类社会的发展，有赖于科学技术的发展和进步。而数学是打开科学的金钥匙，是各种科学技术的基础。马克思曾经在《数学手稿》中阐述数学对于社会发展和科学技术的作用，他说："一门科学，只有当它成功地运用数学时，才能达到真正完善的地步。"事实证明，各门类科学，首先是物理、化学，然后是生物、经济学，接着是人文科学、生态学、环境科学、社会学，直到现在的文学艺术，都逐渐渗透了数学，逐步走上数学化的进程之中。

（一）数学与物理学

这几乎不用多说了。所有物理定律，都是由数学公式表达的。从天文、力学、光学、电磁学，直到原子物理，没有哪一科没有数学的支撑。而且，正是由于数学定理的发现，才催生出物理学的发现。如公元前 3 世纪古希腊数学家阿波罗尼斯（约前 262—前 190）在《圆锥曲线论》中给出关于圆锥曲线的理论及其性质，虽然此后很长一段历史时期没有发现它的应用，但却催生了欧洲中世纪关于天文学的新发现，并用圆锥曲线的理论和公式，来描述太阳系行星运动的规律。后来牛顿发明微积分，更从高等数学观点，严格证明了天体运行的规律。

太阳系中各大行星的轨道不同，运动周期不同，它们运行有什么规律呢？天文学家开普勒根据长期实际天文观测的数据，得出太阳系行星运动三大定律，其中第三定律的数学公式为：$\frac{a^3}{T^2}=k\left(k=\frac{GM}{4\pi^2}\right)$，即绕以太阳为焦点的椭圆轨道运行的所有行星，其各自椭圆轨道半轴的立方与周期的平方之比是一个常量。它把非常复杂的太阳系各大行星运动秩序，说得多么地简单，多么地精妙！

图 3-2-1　太阳系行星轨道运行图

牛顿的万有引力公式，则把宇宙中任意两个天体之间的相对运动规律，都给出数学说明。假设两个可以看作点的物体，各自质量

分别为 M 与 m，距离为 r，那么二者之间的引力等于引力常数 G 乘以二者质量乘积除以距离平方。

即有如下公式（万有引力公式）：$F_{引}=G\dfrac{Mm}{r^2}$

其中引力常数 G 约为 $6.67\times10^{-11}\mathrm{N}\cdot\mathrm{m}^2/\mathrm{kg}^2$。

19 世纪英国数学家和物理学家麦克斯韦（1831—1879）提出的电磁方程组的微分表达形式：

$$\begin{cases}\nabla\cdot\overline{D}=\rho\\ \nabla\times\overline{E}=-\dfrac{\partial\overline{B}}{\partial t}\\ \nabla\cdot\overline{B}=0\\ \nabla\times\overline{H}=\overline{j}+\dfrac{\partial\overline{D}}{\partial t}\end{cases}$$

这一理论使人们认识到电与磁本质上都是波，建立了电与磁的相通性，阐释了电、磁与光一样都具有波动性，以及光的传播速度。这是数学与物理学典型的光辉结合而取得杰出成就的案例。其中算子 ∇ 表示微分向量 $\nabla=\bar{i}\dfrac{\partial}{\partial x}+\bar{j}\dfrac{\partial}{\partial y}+\bar{k}\dfrac{\partial}{\partial z}$。

20 世纪最杰出的科学成就，理应是电子计算机的发明和应用。而二进制计数法的发明，构筑了现代电子计算机算法语言的理论基础。电子计算机只能识别两个信号（电流的接通和断开），用 1 表示接通，用 0 表示断开。用二进制数码来进行编码，可编写出任意长的程序，进行计算和信息的传递。这才拉开了现代信息时代的大幕。

（二）数学与化学

化学研究物质的化学反应过程，以及物质的化学性质，离不开定量研究，这必然涉及计算。化学方程式，也借助数学公式的思想方法，进行推演和分析。

元素周期表，便是根据元素原子量大小进行排列的。各种原子结构、晶体对称形式与数学群论中对称群的计算结果一致。

最有意思的是，1996 年获得诺贝尔化学奖的三位科学家，他们的贡献之一是发现了富勒烯。这是由 60 个碳原子组成的分子，这些碳原子连接成若干个正五边形和正六边形，类似于今天人们所见的足球形状，故又称其为“足球烯”（图 3-2-2）。根据多面体欧拉公式 $V-E+F=2$，可以计算得出其中正五边形有 12 个，正六边形有 20 个。这与足球表面形状一致。其中的数学道理，在后面第四章有一节专门讲述。

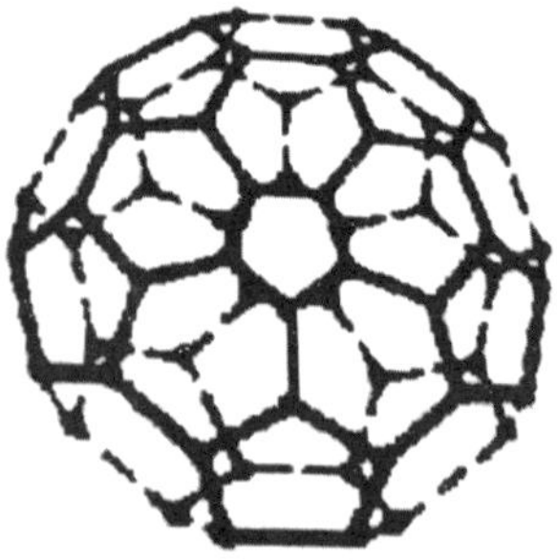

图 3-2-2　足球烯

（三）数学与绘画

原始人类在狩猎与劳动中，与大自然亲密接触，引发他们对日月星辰、山川河流等大自然景物的崇拜，在部族中出现图腾崇拜，并刻画在山崖的壁画之中。东西方很多地方，都发现画有史前文化的壁画。古人们将他们的狩猎对象和自然景象，刻画在崖壁上，或山洞里，并从随意地刻画，到逐渐出现直线、圆、椭圆、三角形、菱形、长方形等几何图形。如西安半坡出土的距今五六千年的人面鱼纹彩陶盆就出现了方格图形等几何图形的刻画。

距今约 4000 年的大禹治水时期，已经有用于作图和测量的工具——规和矩。殷商时代的甲骨文中已经有“规”和“矩”二字。山东嘉祥县东汉石室（公元 2 世纪）中，有“伏羲手执规，女娲手执矩”的画像石（图 3-2-3）。

图 3-2-3　山东石室“规矩”画像石

自从黄金比例被发现之后，欧洲绘画与数学产生了更密切的关系。特别经过大艺术家达 · 芬奇大力提倡，人们将比例，特别是黄金比例广泛用于人体绘画中。他说：“美感完全建立在各部分之间神圣的比例关系上。”并详细指出人体各部分的比例。例如人体的肚脐位置，是全身的黄金点，人体各部分也都有一定的比例（图 3-2-4）。

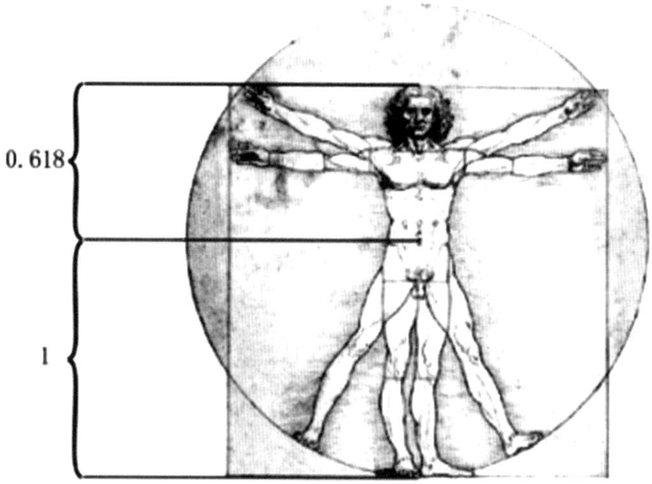

图 3-2-4　人体绘画的黄金点

其后，德国人阿道夫·蔡辛在所著《人体比例的新理论》（1854 年）中把黄金比例推崇为“打开自然和艺术形态构造之谜的金钥匙”。法国印象派画家舍勒特更是极力推崇黄金比例在绘画中的运用，以至他“用黄金分割原理来画出他的每一幅油画”。

现代计算机技术的发展，已经将数学与美术结合成一门新的学科——数学美术学。现在，计算机可以用简单的数学公式，经过千百次，以至上亿万次迭代，产生出电脑分形图画，复杂程度令人难以置信。而且人们可以将电脑绘画技术用于纺织印染、装潢设计等方面，大大增强了视觉效果，提高了艺术表现力。

以下，是由数学大师曼德尔布罗制作的若干分形图画（如图 3-2-5 所示），它们是通过数学公式进行迭代，由电脑自动生成的奇妙绘画作品。其奇妙如同梦幻，是人工所不能达到的。

图 3-2-5　分形几何电脑图画

（四）数学与音乐

数学与音乐的关系，在中国古代就被十分重视。《史记·律书》中有对“律数”的相关记载，《汉书》以后的历代史书中，都把音乐与历数合编为《律历志》，“律”是指音律（音乐），“历”是指数学和历法。

相传黄帝派泠纶砍下昆仑山山阴（山的背阴处）之竹，取其竹节均匀的竹管一节，长 9 寸，直径 3 分（即其长度与直径之比为 30∶1）。用此竹管吹出的音调，规定为标准音，名为“黄钟”，定其声音为“宫”【相当于现在的 C 调第一个音 1（duo）】。

将此竹管长度定为 81（等分），按照“三分损益”方法，得到十二个长短不同的竹管。用它们吹出音调，分别得到高低不同的“六吕”“六律”共十二个音调（构成一个完整的音程）。具体方法是：将黄钟（宫）竹管截去（损）三分之一，得到长 54 的竹管，用它吹出的音调定“林钟”（徵）。再将此竹管增加（益）三分之一，得到长 72 的竹管，吹出的音调，定为“太簇”（商）。继续损去三分之一，得到长 48 的竹管，吹出“南吕”（羽）。再三分益一，得到长 64 的竹管，吹出“姑洗”（角）。上述损益过程列表如下：

表3-2-1

音调	宫	徵	商	羽	角
竹管长	81	54	72	48	64

但是，如此三分损益不是很准确，不能满足五声音阶的需要（中国古乐正是如此）。经过千余年的音乐实践，人们不断研究音程的科学划分。人们希望将其按比例分为 12 等份（对应 12 个半音），而使得高八度“宫”的频率恰好提高一倍（竹管则缩短一半）。怎么样才能做到呢？我国明代，朱氏皇族中出了个异类王子，数学家兼音乐理论家朱载堉（1536—1611），他解决了这个问题。他把一个音程按照比例分为 12 个半音，称为“十二平均律”，列表如下：

表3-2-2

音符	1	2	3	4	5	6	7	…	13
频率	a_0	a_1	a_4	a_3	a_4	a_5	a_6	…	a_{12}

欲使数列 $\{a_i\}$ 成等比数列，且 $a_{12}=2a_0$。设其公比为 q，则应有 $a_{12}=q^{12}a_0$，因此 $q^{12}=2$，$q=\sqrt[12]{2}$。此即是“十二平均律”，它是现代音乐的理论基础。这在当时是世界首创，比西方音乐理论家梅森（1588—1648）正式发表“十二平均律”（1636 年）要早 50 年左右。

不仅如此，我国古代还利用黄钟竹管定音，制作铜编钟、石磬等乐器，以供祭祀礼仪使用。这还仅仅是黄钟定音制作乐器之用，此外还有“黄钟起度”的重要意义。因为有趣，不妨在这里介绍一下。

中国古代对于度量衡制度及其量器的标准的确定，是很重视的。因为，那时朝廷对民众收税，都是收取粮食布匹等实物，都要用度量衡标准量器来衡量物体的长短、容积和轻重。而量器的大小如何确定，对民众、对官府，都是一个重要的大问题。国家为了取信于民，想出一套制定度量衡标准量器的比较客观的办法，这便是“黄钟起度”的由来，而且记载于《汉书 · 律历志》上。“黄钟起度”的具体办法如下：

首先是长度单位。黄钟长度定为 9 寸。它的九分之一就是 1 寸，10 寸为 1 尺，10 尺为 1 丈。于是有了长度单位。

其次是体积单位。黄钟竹管的体积，定为 1 合，10 合为 1 升，10 升为 1 斗，10 斗为 1 石（担）。

再次是重量单位。用籽粒均匀的粟（小米）1200 粒，使其恰好装满一个黄钟竹筒，则其中粟的重量定为 12 铢，24 铢为 1 两，16 两为 1 斤（我国古代 1 斤 16 两制）。于是重量单位定下来了。

这样确定的度量衡单位有什么意义呢？我们知道，度量衡单位的大小，制定者可以随意规定，但其与百姓纳税交粮关系甚大，而朝廷为维护自身的公平性，要有个客观标准。但是以何为客观标准呢？怎么样才能让百姓相信呢？

黄钟竹管，就能给出一个客观标准。因为，用黄钟竹管定出的声音高低，已经用铜编钟记录下来，并被摆在庙堂之上。如果有谁不信，可以听听黄钟竹管吹出的声音，与铜编钟中的“宫”（黄钟）调声是否一致（以同频率声音的共振来判断）。于是，就用声音频率这种客观存在，保证了度量衡的竹管长度的可信度。

这样，就把原来可以由制定者随意决定的度量衡标准，建立在可以用铜编钟发出的声音（人人可以听到）加以鉴别的客观基础之上。这是多么奇妙的办法啊！

历史往往有鉴古观今的作用。我们今天和大多数国家所采用的长度单位——米（m），就是依据“黄钟起度”的科学原理制定的。

原来，各国采用公尺（m）为长度基本单位时，为保持标准一致，决定制作一个铂质原器——铂杆，以此杆两端之间的距离定为 1 m。于是，各国长度单位便有一个共同认可的标准实物（米原器）作标准。但是，它使用起来很不方便，同时难以保存使其维持不变。因此，1960 年国际计量大会上，各国科学家决定：用同位素氪 – 86 原子的 $2p_{10}$ 与 $5d_5$ 能级之间的跃迁所对应的辐射（光波）在真空中的 1 650 763.73 个光波的长度，来规定 1 米（m）的长度。

中国古代用声波频率来确定长度单位，现代用原子辐射光波的长度来确定长度单位，其间所依据的科学思想和科学原理，何其相似尔！

（五）数学与文学

数学与文学，本不同类，是相距很远的不同学科。数学是逻辑思维的产物，而文学主要是形象思维的产物。但是它们二者之间却有许多奇妙的联系。

其一，文学作品是社会的反映，其中必然牵涉到对人物和事物的描写，而无论人物还是事物，都有数量关系蕴含其中。作为文学作品的创作者，必须要做到“心中有数”。不然就会出问题，甚至是错误。前面已经举出过白居易的《琵琶行》和电视剧中“二楞妈”有关数字及计算的错误。以下再列举《红楼梦》中的有关情节予以说明。

例 1. 在《红楼梦》中，多次写到掷骰子的游戏。其中以第 63

回最为集中。

宝玉生日当晚，诸钗以掷四颗骰子为戏，看谁的点数多。每人轮流掷出的点数分别是：晴雯 6 点，宝钗 16 点，探春 19 点，黛玉 18 点，湘云 9 点，麝月 10 点，香菱 6 点。最后黛玉又掷出 20 点。这种情况合乎道理吗？

四颗骰子的点数，共有 21 种情况：从 4 点到 24 点。但每种情况出现的机会并不相同。为了研究方便，先研究两颗骰子的情况。两颗骰子点数的搭配，共有 36 种情况，由此可以计算出现各种点数的概率：我们用 $P(x)$ 表示出现 x 点的概率，则有表 3-2-3：

表3-2-3

点数 x	2	3	4	5	6	7	8	9	10	11	12
搭配数 $f(x)$	1	2	3	4	5	6	5	4	3	2	1
$P(x)$	$\frac{1}{36}$	$\frac{1}{18}$	$\frac{1}{12}$	$\frac{1}{9}$	$\frac{5}{36}$	$\frac{1}{6}$	$\frac{5}{36}$	$\frac{1}{9}$	$\frac{1}{12}$	$\frac{1}{18}$	$\frac{1}{36}$

可见，掷两颗骰子出现 7 点的可能性最大，为$\frac{1}{6}\approx 16.7\%$；出现 2 点和 12 点的概率最小，为$\frac{1}{36}\approx 2.78\%$。

那么，掷四颗骰子，哪种点数出现的可能性最大呢？

设想这四颗骰子分成两组，第一组点数搭配有 36 种，第二组点数搭配也有 36 种。所以这四颗骰子的所有点数，共有 $36\times 36=1296$ 种不同的搭配。

现在来求当 $p=m+n$（$2\leqslant m\leqslant 12$，$2\leqslant n\leqslant 12$）时，四颗骰子点数的不同搭配数 $F(p)$。怎样计算 $F(p)$ 呢？现以计算 $F(10)$ 为例作一说明。

我们这样来考虑：这 10 点是第一组 m 个点与第二组 n 个点之和：$m+n$，其中 $2 \leqslant m \leqslant 12$，$2 \leqslant n \leqslant 12$。那么，$m$ 与 n 搭配有以下 7 种情况：

$m+n=10=2+8=3+7=4+6=5+5=6+4=7+3=8+2$。

但对第一组 m 点来说，它是两颗骰子点数之和，又有 $f(m)$ 种不同情况。第二组 n 点也有 $f(n)$ 种不同情况。因此，按照加法原理和乘法原理，四颗骰子点数之和为 10 的所有不同搭配数为：

$$f(2)\times f(8)+f(3)\times f(7)+\cdots+f(8)\times f(2)$$

$$=2\times(1\times5+2\times6+3\times5)+4\times4=80$$

因此，四颗骰子掷出 10 点的概率（根据对称原理亦即掷出 18 点的概率）等于 $P(10)=P(18)=\frac{80}{1296}\approx 6.17\%$。

用同样方法可以算出：

$P(4)=P(24)=\frac{1}{1296}=0.08\%$；$P(5)=P(23)=\frac{4}{1296}=0.3\%$；

$P(6)=P(22)=\frac{10}{1296}=0.8\%$；$P(7)=P(21)=\frac{20}{1296}=1.6\%$；

$P(8)=P(20)=\frac{35}{1296}=2.7\%$；$P(9)=P(19)=\frac{56}{1296}=4.3\%$；

$P(11)=P(17)=\frac{104}{1296}=8.0\%$；$P(12)=P(16)=\frac{125}{1296}=9.6\%$；

$P(13)=P(15)=\frac{140}{1296}=10.8\%$；$P(14)=\frac{146}{1296}=11.3\%$。

由此可见，一次掷四颗骰子出现 14 点的概率最大，约为$\frac{1}{9}$。其次为 13 点和 15 点，再次为 12 点和 16 点等等。而以 4 点和 24 点的概率最小，大约只有$\frac{8}{1000}$。

在《红楼梦》第 63 回掷四颗骰子的游戏中所出现的点数的概率，如表 3-2-4 所列：

表3-2-4

点数	6	16	19	18	9	10	6	20
概率	0.8%	9.6%	4.3%	6.17%	4.3%	6.17%	0.8%	2.7%

在这 8 次投掷中，概率最大的 14 点、13 点、15 点，都没有出现；反而概率极小的 6 点 $\left[P(6)=\frac{1}{125}\right]$，出现了两次。这是不合常理的。因为在投掷 8 次中出现两次 6 点的概率 $P_8(6)$，按二项分布来计算，为 $P_8(6)=C_8^2\left(\frac{1}{125}\right)^2\left(1-\frac{1}{125}\right)^6\approx 0.001749$（$0.00175=0.175\%$）。这还不足$\frac{1}{500}$，实在太小。也就是说，《红楼梦》所写的情况——投掷 4 颗骰子 8 次出现两次 6 点，几乎是不可能出现的。书中这么写，大概是因为作者对概率的无知。事实上，那时（18 世纪）概率论才刚刚诞生，即使在欧洲也只有极少数人能够了解。如果曹雪芹现在还活着的话，他在再版时，一定会根据数学原理，来适当修改这段文字。

例 2. 关于生日相同的问题。

在《红楼梦》中，大观园的一个小丫头发现：大观园里有好几个人的生日相同，觉得很奇怪。其实这很正常。因为大观园里有好几百人。两个人，或几个人的生日相同，一点也不奇怪。其实，在 30 人中有两人（或以上）生日相同的可能性，就大于二分之一。

在 30 人中有两人生日相同的机会究竟有多大呢？我们来计算一下。

我们可以先从反面考虑：计算在 30 人中，没有人生日相同的可能性。

以平年 365 天计算，每个人出生在哪天，完全是随机的。就像把所有的日期装在一个大袋子里，随便从中摸出一个。那有多少种可能呢？——365 种。因此第一个人的生日，有 365 种可能情况。如果没有生日相同，第二个人的生日，就只有 364 种可能情况了。第三个人呢？——363 种；第四个人——362 种；……；第三十个人——只有 336 种了。于是，30 人中没有人生日相同的情况，总共有 $365\times364\times363\times\cdots\times336$ 种情况，而总的可能情况则有 365^{30} 种。因此，在 30 人中没有任何两人生日相同的可能性，应为

$$p=\frac{365\times364\times\cdots\times336}{365^{30}}$$

用计算器算一算，不难算出它的值来：

这个分式的近似值为 $p=0.2936837\cdots\approx0.29$。

——那么，30 人中有人生日相同的可能性是多少呢？

当然是 $1-p\approx0.71$。就是说，30 人中有两人或者更多的人生日相同的可能性，在 70% 以上。

例 3. 在我国清代的一部小说《镜花缘》中，第 93 回有“米兰芬妙算灯球”一事，含有数学的妙趣，历来为人们所欣赏。故事说的是，众才女在宗伯府观灯，灯上都挂着灯球。楼下的灯球有两种形状，一种是大球下缀 2 个小球，另一种是大球下缀 4 个小球，共有大球 360 个、小球 1200 个。楼上的灯球也有两种，一种是 3 个大球下缀 6 个小球，9 个球结为一灯；另一种是 3 个大球下缀 18 个小球，21 个球结为一灯。共有大球 396 个、小球 1440 个。问楼上楼下各有多少盏彩灯？

这是一个有趣的数学问题。米兰芬不愧为“持筹才女”，她不慌不忙，默算一回，便给出答案：楼下360盏彩灯，楼上132盏彩灯。

她是怎么算的呢？她说：楼下彩灯，只按照鸡兔同笼的算法：大球下缀2个小球的当作鸡，下缀4个小球的作为兔，于是按照中国古算中鸡兔同笼算法，便知：半足，减头数，得兔数目（大球下缀4小球者）；头数减兔数，得鸡数（大球下缀2小球者）。即$1200\div 2=600$，$600-360=240$（兔数），$360-240=120$（鸡数）二者相加得$240+120=360$，为楼下彩灯数。

楼上彩灯数，计算复杂一些，要用代数解方程组。设两种彩灯数目分别为x，y个，则有方程组：

$$\begin{cases}3x+3y=396,\\6x+18y=1440,\end{cases}$$

解得$x=78$，$y=54$，$x+y=132$。

由于数学问题及其算法，掺入了小说，遂使小说增加了思维的趣味。

其二，文学作品中的语言其实有规律可循。人们说话或写成文字的书面语言，都各有特点，这种特点可以用某些特定的语词或字的分布频率，来加以刻画。即可以使用数学统计的方法，来描述和刻画每个人语言（包括书面语言）的特点。

这样做有什么作用呢？可以对文稿进行作者鉴别。现以《红楼梦》为例。该书作者究竟是谁，历来是“红学”一个悬而未决的考证问题。

社会上提出过种种猜测，有认为全书作者为曹雪芹一人的，也有认为《红楼梦》前八十回的作者是曹雪芹，后四十回为高鹗所续。但是至今仍无公认的结论。然而，若用数学统计方法——语言统计学来研究，可以提供新的思路和理论支持。

前有一位赵冈先生，取《红楼梦》书中“儿”“在”“事”“的”“著”五个字作为样本，对《红楼梦》前八十回和后四十回，分别进行统计。计算它们的分布频率、标准差和变异系数。结果表明：《红楼梦》前八十回与后四十回的数据，竟然大体一致，没有多大的差别。于是他做出初步判断：《红楼梦》前八十回和后四十回的作者，应该是同一个人。即使是出于两人之手，这二人的文字笔法也基本相同。

其后，复旦大学李贤平先生认为，赵先生只用五个字作样本，体量太小，不足以反映真实情况。于是他增大样本量，选取 47 个虚词——“之”“其”“方”“于”等文言虚词，“呀”“吗”等句尾虚词和“了”“的”“着”“一”“不”等白话虚词作样本，用多种统计方法来进行计算和分析，发现《红楼梦》的前八十回和后四十回，在文字和笔法上有所交叉。他得出的结论是：全书由一人（曹雪芹）执笔，中间由别人插写了第 6 ~ 16 回“风月宝镜”和第 63 ~ 66 回情节，创作出元妃省亲，扩建大观园，为宝玉和诸钗提供了广阔的活动空间。经过几次增删，原来计划仅写 110 回，曹雪芹在最后一次修改中，增加了某些神话色彩，使全书扩成 120 回。但可能由于曹雪芹早逝，前八十回才完稿，后四十回未定稿，而由其亲友整理成现在的书稿。

这些论述，曾经在红学界引起不小的轰动。当然，这仅是用数学（统计学）方法研究语言的成果之一，是否被广大红学界人士认可，当是另外的问题。无论如何，用数学统计方法研究语言学，给语言和文学界提供了一种新的定量研究方法，比一般定性研究，有较多的可靠性。这不能不说是数学与文学的一种美妙结合。

（六）数学与诗联

数字入诗，古已有之。如唐诗名句："飞流直下三千尺，疑是银河落九天"（李白《望庐山瀑布》）；"两个黄鹂鸣翠柳，一行白鹭上青天"（杜甫《绝句》）；"千山鸟飞绝，万径人踪灭。孤舟蓑笠翁，独钓寒江雪"（柳宗元《江雪》），句句都有数字，或"准数字"（如两、孤、独）。

数字入诗有好处吗？能够增加诗词的美感吗？当然如此。

第一，数字的确切性、准确性，给诗词增加了明快和亮丽的语言色彩，增加了联句的力量。

第二，数字具有极大的概括性，诗词又极其凝练，可以在字数很少的诗句中，包容很大的空间和思想内涵。

第三，数字的音韵铿锵，可以增加诗句的声韵美。

第四，数字有利于诗联对仗的要求。在古典诗词中，很多句式要求对仗。即名词对名词，动词对动词，虚词对虚词。而数字入诗，可以提高对仗的准确性——数字（词）对数字（词）。这方面的例子很多。

例 1. 李白诗句：

一叫一回肠一断，三春三月忆三巴。

这是李白晚年在安徽宣城，听到杜鹃鸟的叫声，而联想到他的故乡四川“三巴”时的即兴之作。

例 2. 清代才子纪晓岚一次陪同乾隆帝在江边赏景，眼前出现一个渔翁划一条小渔船在江中打鱼。乾隆帝命纪晓岚即时赋诗，但要求含有十个“一”字。以下就是纪晓岚所作的数字诗：

一篙一橹一渔舟，一个艄公一钓钩。

一拍一呼还一笑，一人独占一江秋。

诗歌中十个“一”字，各得其所，并不觉得重复和繁杂，反而觉得轻灵而有妙趣。

例 3. 郑板桥《咏雪》：

一片两片三四片，五六七八九十片。

千片万片无数片，飞入芦花看不见。

这首咏雪诗，把从下雪之初，到漫天大雪的全过程，都写了出来。虽然用了许多数字，却并不显得重复，反而生动而有趣。后来电视剧《宰相刘罗锅》将其写入其中，加在了刘罗锅的头上。

数字对仗除了运用在诗联之中，我们还经常在对联中看到。

对联，是我国传统文学最简单的形式之一，只有上下两句，文字要求对仗工整，富有文学品位和思想内涵。而数字的嵌入，可以为字数很少的对联，大大增加内涵、扩大视野，又容易满足对仗工整的要求。

传统春联，如：

一元复始，万象更新；

一夜连双岁，五更分二年；

生意兴隆通四海，财源茂盛达三江；

八骏西来腾紫气，三阳开泰耀金辉（甲午年）；

…………

名胜联，如：

例 1. 江苏淮阴侯祠对联：

生死一知己，存亡两妇人。

上下联短短十个字，却总结了汉代名将韩信的一生。上联中的“一知己”指的是“萧何”。韩信是萧何向汉王刘邦极力推荐的，是“萧何月下追韩信”追回来的。而汉朝建立以后，又是萧何设计将韩信骗入宫中，使韩信被吕后以谋反罪名杀害。所以后来有成语“成也萧何，败也萧何”。

下联说的是，在韩信早年落难时，幸得妇人漂母接济，才得以生存。而其后又是被另一妇人吕后杀害。韩信一生一死，一存一亡，尽在这副对联之中。而其中数字一和两（二），起了点睛和高度概括的作用。

例 2. 湖北隆中三顾堂对联：

两表酬三顾，一对足千秋。

《三国演义》中三顾茅庐的故事，广为流传。三顾堂是刘备三顾茅庐、诸葛亮作隆中对时的纪念堂，门口这一联，既点明了刘备三顾茅庐的故事，也概括了诸葛亮一生对刘备的衷心和历史功绩。上联中“两表”指诸葛亮前出师表和后出师表。下联中“一对”指的是诸葛亮与刘备的对话，给刘备指出天下大势，略作三分的战略纲领。两联十个字，把刘备“三顾茅庐”“隆中对”和诸葛亮的前后出师表，都以严整的对联写尽。

例 3. 山东济南大明湖联：

四面荷花三面柳，一城山色半城湖。

大明湖正好位于济南城市中心，湖中遍植荷花，环湖则三面柳树，还有一面是市政建筑并正好面对千佛山的美丽山色。此联恰到好处地刻画出济南以大明湖为中心的山光水色。

例 4. 安徽采石矶太白楼联之一：

携八百里洞庭，拄杖来游，万里长江奔眼底；

邀一千年明月，举杯酹酒，几多往事上心头。

据说此联为清代重臣曾国藩，在镇压太平天国后，怀着复杂心情，从湖南出发顺江而下，路经采石矶登太白楼时所书。上下联都嵌入数字，对仗工整，气势不凡，而又浮想联翩。上联写出作者从湖南洞庭湖而来，经万里长江来游的历程；下联写作者登楼时，对千年前的太白诗仙敬仰的心情，以及对往事的感叹。

例 5. 昆明大观楼长联：

五百里滇池，奔来眼底，披襟岸帻，喜茫茫空阔无边。看东骧神骏，西翥灵仪，北走蜿蜒，南翔缟素。高人韵士，何妨选胜登临，趁蟹屿螺洲，梳裹就风鬟雾鬓；更苹天苇地，点缀些翠羽丹霞。莫辜负四围香稻，万顷晴沙，九夏芙蓉，三春杨柳。

数千年往事，注到心头，把酒凌虚，叹滚滚英雄谁在？想汉习楼船，唐标铁柱，宋挥玉斧，元跨革囊。伟烈丰功，费尽移山心力。尽珠帘画栋，卷不及暮雨朝云；便断碣残碑，都付与苍烟落照。只赢得几杵疏钟，半江渔火，两行秋雁，一枕清霜。

这副著名长联，上下联各嵌入五个数字（准数字），使得对联的概括性大大增强，视野大大扩展，而文字却显得更加凝练。

此外，在日常生活中，流传着很多含数字的名言，例如：

为山九仞，功亏一篑。——《书经》

文武之道，一张一弛。——《礼记·杂记下》

一叶障目，不见泰山。两耳塞豆，不闻雷霆。——《鹖冠子》

放之四海而皆准。——《礼记》

一言而兴邦，一言而丧邦。——《论语》

益者三友，损者三友。友直，友谅，友多闻，益矣。友便辟，友善柔，友便佞，损矣。——《论语》

君子有三畏：畏天命，畏大人，畏圣人之言。——《论语》

三十而立，四十而不惑，五十而知天命，六十而耳顺，七十而从心所欲，不逾矩。——《论语》

三人行，必有我师焉。——《论语》

三军可夺帅也，匹夫不可夺志也。——《论语》

子在齐闻《韶》，三月不知肉味。——《论语》

彼一是非，此一是非。——《庄子·齐物论》

九层之台，起于累土。千里之行，始于足下。——《道德经》

十年树木，百年树人。——《管子》

千丈之堤，以蝼蚁之穴溃；百尺之室，以突隙之烟焚。——《韩非子》

不以一眚掩大德。——《左传》

圣人千虑，必有一失；愚人千虑，必有一得。——《晏子春秋》

百川东到海，何时复西归？少壮不努力，老大徒伤悲。——汉乐府《长歌行》

不飞则已，一飞冲天；不鸣则已，一鸣惊人。——《史记》

差之毫厘，谬以千里。——朱熹《四书章句集注》

吃一堑，长一智。——王阳明《与薛尚谦书》

会当凌绝顶，一览众山小。——杜甫《望岳》

忽如一夜春风来，千树万树梨花开。——岑参《白雪歌送武判官归京》

三更灯火五更鸡，正是男儿发愤时。——颜真卿《劝学》

试玉要烧三日满，辨材须待七年期。——白居易《放言》

谁言寸草心，报得三春晖。——孟郊《游子吟》

春风得意马蹄疾，一日看尽长安花。——孟郊《登科后》

春色满园关不住，一枝红杏出墙来。——叶绍翁《游园不值》

春宵一刻值千金。——苏轼《春宵》

但愿人长久，千里共婵娟。——苏轼《水调歌头》

读万卷书，行万里路。——董其昌《画禅室随笔》

含有数字的成语，则更多，略举一些常用成语如下：

一来一往、一来二去、接二连三、不三不四、三从四德、四舍五入、五颜六色、七上八下、八九不离十、十拿九稳、百里挑一、千奇百怪、千言万语、万无一失、亿万斯年、百闻不如一见等等。

在我国古算书中，还有以诗词形式写成的数学题和解题算法，略举几例：

例 1.“孙子歌”。

中国古算书《孙子算经》中有一个著名的“孙子问题”：有物不知其数，三三数之剩二，五五数之剩三，七七数之剩二。问物几何？

这实际上是个一次同余式组问题。《孙子算经》中只给出了求解的关键步骤和答案。南宋数学家秦九韶给出求解的一般算法“大衍求一术”和“大衍总数术”。按此方法，其程序是：

3——70（被 5、7 除尽，而被 3 除余 1）；

5——21（被 3、7 除尽，被 5 除余 1）；

7——15（被 3、5 除尽，被 7 除余 1）。

将对应三数的倍数相加：70×2＋21×3＋15×2＝233。

再减去 105（3，5，7 之积）的若干倍，得最小正整数。

而 233－105×2＝23，即本问题的最小正整数解。

后来人们根据秦氏的以上算法，总结出一首“孙子歌”：

三人同行七十稀，五树梅花廿一枝。

七子团圆正月半，除百零五便得知。

这“孙子歌”实际上就是一首七言绝句。

例 2. 明代数学家、珠算大师程大位所著《算法统宗》，集珠算之大成。其中的数学题目及其算法，很多都是采用诗词体写出来的。如书的开篇《先贤格言 · 改调西江月》写道：

智慧童蒙易晓，愚顽皓首难闻。世间六艺任纷纷，算乃人之根本。

知书不知算法，如临暗室昏昏。谩同高手细评论，数澈无劳方寸。

关于“九因”（珠算九九乘法），则写成七言绝句加以概括：

合数九因须记熟，起手须从末位推。

言十就身如隔位，若要还原用九归。

关于“九归”（珠算除法），写成如下绝句：

学者如何用九归，先从实上左头推。

逢进起身须进位，下加次位以施为。

三、万物互联

进入 21 世纪以后，随着互联网的应用与普及，我们从 4G 的人与人互联，逐渐进入 5G 时代，亦即万物互联的新时代。但是，这种 5G 技术是怎么实现万物互联的呢？这便要从信息传输的历史说起。

说到信息传递，还要从中国古代的烽火台说起。古代中国在边关要塞建立烽火台，从边关到京都，每隔十里设立一个烽火台。其目的，是用烽火传递边关紧急军情：若遇有敌情发生，则白天施烟，夜间点火，逐台点燃，传递消息。这比其他办法传递都快。但是，这只能够传递两种信号：无烽火，则边关平安；有烽火，则边关军情紧急。如果还想传递其他信息就不行了，需配以“飞鸽传书”或驿站传递等。

电报发明以后，可以改用电信号来传递信息。设想：用电线连接前线与京都，在京都安上一个电灯泡，前线装上一个电路开关。当有敌情时，便按下开关使电线接通，京都的电灯泡点亮；无敌情则不按开关，京都电灯泡不亮。这也是传递两种信息，但所用方法简单多了。如果还想传递更多的信息，那该怎么办呢？例如，除了前方有无敌情外，还想知道前线的天气情况——阴、晴、雨、雪，那么多安装几个电灯泡，多安装几个开关，就可以传递这些信息。方法如下：用数字 1 表示灯亮，数字 0 表示不亮，设置以下“暗语”。

001	010	100	101	110	111
有敌情	无敌情	阴天	晴天	雨天	下雪

按照这种对应关系来按亮或不按亮灯泡，便可以实现信息传递了。如果还要传递更多的信息，只要将 0、1 的序列加长，就可以实现。而上面所谓的 0、1 序列，便是二进制数码。于是只要将十进制数码，转换成二进制数码，便可以编出任意长度的编码序列，传递更多的信息。现就我们今天的数码技术，以彩色电视的现场直播为例，做粗略说明。

将现场取景设为长方形，将其横直各分为 10000 等份，矩形便分成 10000×10000 个小格子，每个格子就缩成一个小点——一个有颜色的色点。另将可见光的光谱色带也分成 10000^2 等份，我们给色带上每个色点编号：从 1 编到 10000^2 号。于是每个色点就对应唯一一个数字，再将这十进制数字改换成二进制数码。于是现场每个色点，都对应唯一一个二进制数码。用电子眼扫描现场，使所有色点都变成一个数码，整个现场便成了一张数字图阵。于是就可以通过电子传输设备，将其传播到远方的观众面前。然后再将数字图阵还原成彩色画面，便完成了远距离现场转播的任务了。

色彩可以分段实现离散化，那么声音的波段，也可以用同样的方法先进行离散化处理，再进行数字化处理，加上电子传输手段，便可以实现手机远距离传声了。凡是可以进行离散化的事物，均可以运用上述方法，进行数字化处理。

数字传输技术，不仅可以传输文字、图片信息，也可以用来进行人体 CT 扫描、核磁共振等医学检查，对人体进行检测。

所以，有人这样说过，所谓现代技术，无非数字技术，或者说是数学技术。当然，数学不仅是技术，它还是无所不在的数学理论、数学方法。它支撑着整个科学大厦。这个大厦，包括人文科学和自然科学，也包括艺术等等。

我们作为 21 世纪的现代人，如果还不知道什么是数学技术，那是要被人笑话的。我们已经处于数字化时代、信息化时代。在今天要是不识数，心中无数，不知道数码技术，离开数码技术的产品（包括手机等），那么，生活起来就太困难了。今天，大多数人，特别是青年人，不带手机，连出行都觉得困难了。

中国科学院院士、西安交通大学教授徐宗本，在联合国教科文组织和中国工程院联合主办的以“大数据与知识服务”为主题的“联合国教科文组织国际工程科技知识中心 2019 国际高端研讨会”上发表演讲时说：“目前人工智能所面临的一些基础问题，其本质是来自数学的挑战。”

2020 年，在以“AI 与数学：融通共进的时代”为主题的报告讲座上，徐院士问：“数学家眼里的人工智能是什么？”他给出的答案简洁明了：“当下主要指机器学习。”

如果给这个名词赋予一个说明，他认为这是人或者智能体（机器人），通过与环境的交互，来提升自身行为和解决问题能力的智能化操作。“机器学习是把这种智能形式化为数学公式，转换成计算机可以操作的算法和软件。”进一步说，人工智能实际上是一个将数学、算法理论和工程实践紧密结合的领域。将其扒开来看，就是算法，也就是数学、概率论、统计学等的体现。

而这就需要将我们所要面对的对象进行数据打通，人工智能的很多问题都可归纳为两个领域数据打通的问题。即首先要将两个对象加以离散化、数字化，形成各自庞大的数据库，并且要在满足某一个特定的不变量情况下能够互相转移。可以说人工智能和大数据是一对孪生姐妹。而由人工智能产生的大数据，与以前所产生的数据相比，无论是体量上，还是分布规律、因果关系上，都有很大的不同。

人工智能产生的数据之多是以前人们难以想象的。过去我们处理的数据以万、百万、千万、亿计，而现在则要面对加倍再加倍的“大数据”。但作为人工智能基石的数学，还存在许多核心问题有待解决。人工智能更多指应用模式，强调与各个领域知识的结合。大数据是最底层的信息技术，强调机器和机器、机器与人之间的内容交换与理解。

以前我们所学过的数学、统计学的理论和方法，都已经过时。例如，分析大数据的统计学基础面临倾覆，应用于复杂大数据分析的极限理论、统计推断方法、真伪判定等数学基础要重新建立起来。新一轮的人工智能多以深度学习为基本模型，但其数学表示理论还没有解决，还需要建立特定约束下如何实现最优传输的数学理论与方法，这些都需要数学家共同努力解决。

总之，万物互联的时代已经到来，而她的“接生婆”，便是数学和数字技术。把万物离散化、数字化、信息化，并将各个领域产生的大数据（信息群）交互转换，使其互相联通，以实现万物互联。就是这么简单！这难道不是数学和数字技术至简之美的最好体现吗？

第四章　数学大美广用

一、大哉数学之为用

《大哉数学之为用》是我国数学家华罗庚教授，发表在 1959 年 5 月《人民日报》上的一篇文章，大力宣传数学在各个方面的应用。他说："宇宙之大，粒子之微，火箭之速，化工之巧，地球之变，生物之谜，日用之繁，无处不有数学的重要应用和贡献。"从此以后，数学作为打开科学宝库的钥匙，从理论的顶端，走下神坛，走向民间，开始彰显它的应用性和技术性的一面，在人们生活、社会生产的各个方面大显身手，发挥它的巨大应用价值。

其实，我国古代就特别强调数学的实用性，一直把数学作为解决各种实际问题的"算法"来应用。"凡事要做到心中有数"是我们老祖宗总结出来的一条真理。这个"数"就是指数学、算法。

距离华罗庚先生写这篇文章，已过去了六十多年。这六十多年来随着现代科学技术的迅速发展，数学的应用更加重要。而所谓现代科技，其实质就是数学技术。

图 4-1-1　王选院士（1937—2006）

数学的广泛应用，有的是数学技术、数学理论的直接应用，更多的却是数学原理、数学思想方法对于其他科学技术的基础理论的支撑。如计算机的编程和应用建立在数学技术和数学原则之上。难怪计算机大家王选院士说：电子计算机＝数学的心脏＋机械的外壳。而计算机的应用和其运算速度的迅猛发展，催生了大数据时代的到来，使全世界进入了信息时代、互联网时代，进而即将跨入“万物互联”的5G时代。

所以时代越进步，科技越发展，数学的应用越显得重要，而且数学本身也将随大数据潮流的推动而不断发展。

于是现代社会前进的动人图景是——

数学及其应用的发展⟶现代科技的进步（表现为“万物互联”）⟶人类生存环境越来越美，人们生活感受越来越美好！

数学及其思想、方法、技术的应用，有的可以被他法代替，有的则非此一途不可，除了数学方法，别无他途。如若不信，可以从以下的事例，来考量一番！

大哉数学之为用！大哉数学之为美！

二、勾股与测天

勾股定理，被认为是数学史上的第一定理，是人类智慧的结晶。但是，它在东西方数学发展史上的作用和地位，却大不相同。在中国古代，勾股定理是归纳的结果，来源于古人出于某种目的进行实际测量（例如测量日影长短，以制定历法；测量地势高低，以疏导洪水）的实际活动。而在古希腊，勾股定理则是演绎推理的结果，来源于几何理论。

相传距今约4000年的黄河流域，洪水泛滥，大禹为治理洪水，采用疏导的方法。为测量地势，他右执规矩，左执准绳，走到哪里就量到哪里。这里所说的规矩、准绳，都是测量用的工具。特别是“矩”，是最重要的测量工具之一。

矩可以用来画直角和垂线。矩不同于现在画图用的三角板，它是由两根木条制作而成，并构成直角的曲尺，没有斜边。如图 4-2-1 所示，将其中较短的边称为“勾”，较长的边则称为“股”。只有当这两边构成直角时，才能准确测量高低远近。如果不垂直，那么用其来测量，便会差之毫厘，失之千里。那么怎样才能保证“勾”与“股”这两边构成直角呢？这是个非常困难的问题。

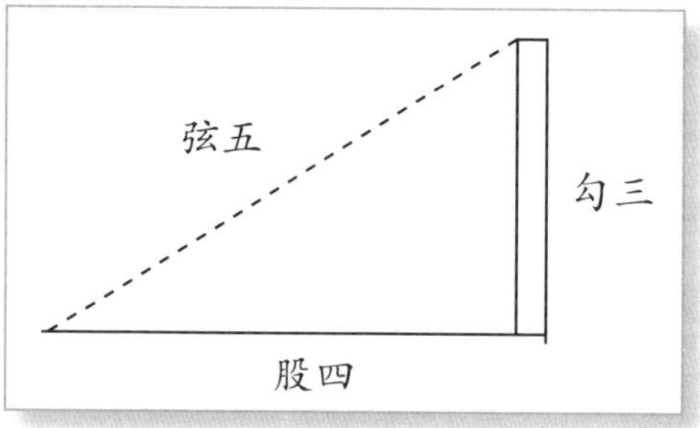

图 4-2-1　勾三股四弦五图

我们的祖先在多次试验和实践，经过无数次失败之后，终于发现了“勾三、股四、弦五”的定理！即取勾长为三单位，股长为四单位，若能用一根五单位长的线恰好连接勾股两边的端点成一直线“弦”，那么，这勾与股两条边，就一定垂直。由此定理（实际上是勾股定理的逆定理），便能够很方便地制作出标准的测量工具——矩。这真是个了不起的发现！

大家不要以为“勾三、股四、弦五”只不过是勾股定理的特例，并不能算是发现了勾股定理。其实，这是勾股定理最重要的特例。而且这是中国古代劳动群众，在长期劳动实践中的伟大创造。人们利用这一发现，才能判定和制作出两边垂直的矩，也只有用这样标准的矩，才能进行准确的测量。我们可以这样合情推理：人们正是从这简单的特例，逐步发现勾股定理的一般情形。而反过来，若直接用勾股定理的一般情形，是制作不出两边垂直之矩的。

中国古代的先贤们，不仅利用勾股定理（及其逆定理）制作标准的测量工具——矩，而且巧妙地利用矩或联合利用两个矩，进行各种复杂的高低远近的测量工作。其中以祖冲之进行日影测量，制定历法，最为精妙。（以下可参阅书末参考文献 [12]P33–37）

中国自古以来就是“以农立国”，而农业对气候的依赖性极大。人们发现，一年的气候变化似乎与太阳的位置有关。在一年之中，日影长短是周期性变化的，与气候的寒暑交替的规律一致：中国位于北半球，在太阳底下立一根木桩，一年之中有一天木桩的日影最长，这一天被人们称为“冬至”；有一天木桩的日影最短，这一天被称为“夏至”。因为日影长时更容易测量，故把冬至这一天定为一年（回归年）的开始。那么如何才能准确地测量出日影的长度呢？首先要保证的便是木桩与地面垂直，这样测量出的日影才是准确的。

要将木桩垂直于地面，抽象来看，就是要使一条直线垂直于一个平面。那么，我们应该怎么办呢？在远古时期，中国的先民们就发现如下用矩之道：将大小相同的两个矩的短边（勾）放在平地上，将两个矩的长边（股）合在一起，若能重合成一条线段，那么，这重合的股边，便垂直地面。如图 4–2–2 所示。实际上，这相当于一条立体几

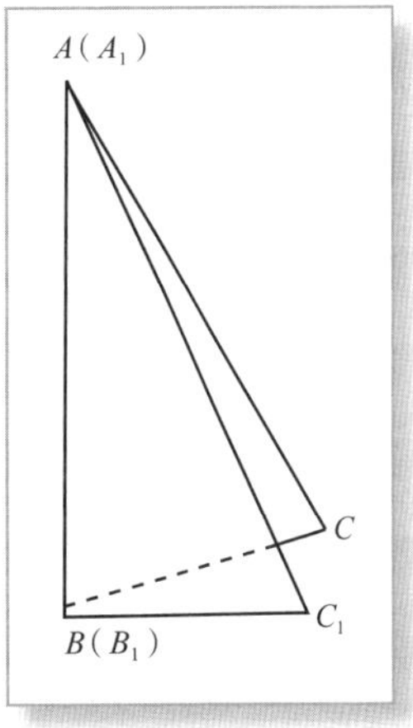

图 4–2–2

何公理：若一条直线垂直于平面上两条相交直线，则该直线与平面垂直。

历法，是年、月、日和节气安排的时刻表。但是，时间无头无尾，瞬息即变，人们是如何测定和记录它的呢？古人发现，将一根圭表（测量日影长短的标杆）竖直立于地上，一天之中它在正午时刻的影子长度最短，而在一年的不同季节里正午日影长度又是不同的：冬至最长，然后逐渐缩短；夏至最短，然后又逐渐增长。在一年之中，周而复始。

因为影子长时容易测量，故测量冬至点的日影长度，以确定一个回归年的开始时刻，就成了天文历法的重要工作。

但是，仅凭测量圭表正午影长来定冬至点的做法，是不准确的。原因是：

第一，这只能确定哪一天正午的圭表日影最长，不能确定冬至点所在的时刻。而一般说来，冬至点并不正好在正午。事实上，一年大约有 $365+\frac{1}{4}$ 日，如果第一年冬至点在正午，第二年就应在傍晚，第三年在半夜，第四年在早晨。所以，即使冬至点有可能在某年的正午，也要连续进行四年测量，才能确定。

第二，只能在冬至日附近连续多天天气晴好时测量才行。如果遇到天气不好——下雨、下雪，或者阴天，都无法进行日影测量。那么，又要重新开始，再进行连续四年的测量。

因此，这种方法是不可能测准冬至点的。在祖冲之之前，冬至点的确定，虽然有测量数据为依据，但实际上不是测量出来的，而是估计出来的。

冬至点的测量（估计）误差，必然造成回归年长度的误差。即使每年只差 0.1 日，过了 50 年，积累误差也会相当大——一年就要相差 5 日。到了这时，这部历法就不再能反映季节的变化，更不能预报日食、月食等天文现象，那么就要改历了。所以，如何准确地测量冬至点，就成了历代天文学家、数学家关注的大问题。

祖冲之为了制定新的历法，运用数学智慧，创造了科学的新方法，解决了这个难题。具体做法如下：他于（南朝）刘宋大明五年（461 年）冬至前后的一个半月内，选了三个晴天，进行了三次正午的日影长度的测量，具体数据见《宋书 · 历志》，记载如下（日期为农历）：

10 月 10 日（A）——影长 10.7750 尺（a）；

11 月 25 日（B）——影长 10.8175 尺（b）；

11 月 26 日（C）——影长 10.7508 尺（c）。

为简化计算，他做了如下合理假设：

（1）在冬至前后日影关于冬至点是对称的；

（2）在一天之内，日影变化是线性的，即它与时间成比例。

如图 4-2-3 所示，设冬至点为 Y，A 关于 Y 的对称点为 X；AB 的中点为 M，则

$$MY=\frac{1}{2}BX。$$

由假设（1），因为 $b>a>c$，所以 A 点关于冬至点 Y 的对称点 X，应在 B 点与 C 点之间。

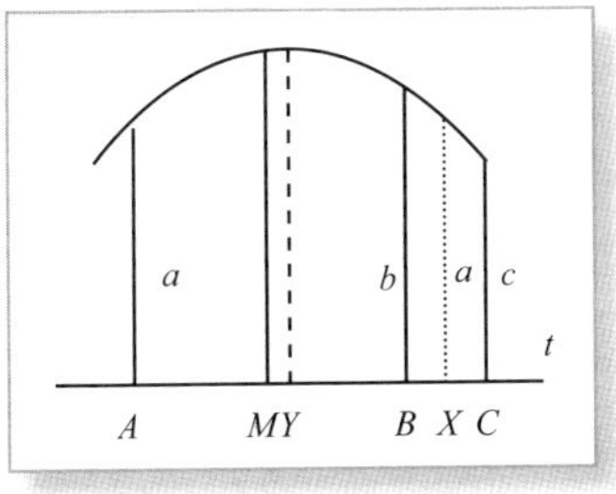

图 4-2-3

我们注意到：B 点到 C 点，正好是一整天，再由假设（2），则应有$\frac{BX}{BC}=\frac{b-a}{b-c}$或$BX=BC\frac{b-a}{b-c}$。

根据我国古代计时制度，一天分为 100 刻。

于是将 $BC=100$，及 a、b、c 数据代入公式得

$$BX=BC\times\frac{b-a}{b-c}=100\times\frac{0.0425}{0.0667}\approx 64（刻），MY=\frac{1}{2}BX=32（刻）。$$

因为 M 点是（农历）十一月初三日午夜零时，故这一年的冬至点是十一月初三日午夜零时后 32 刻。换成现在的时间，这年的冬至点大约相当于这一天早晨 7 时 41 分。

祖冲之测量冬至点的数学智慧表现在以下三个方面：

首先，他的两个假设是合理的、科学的，符合实际情况。这样，就使原来单靠经验和估计来测算冬至点的传统方法，建立在数学理论基础之上，成为科学的测算方法。

其次，方法简单易行。它使冬至点的测算不受天气影响，且大大缩短了测算时间：从四年或更长时间，缩短到可在一年之内完成。实际测量时，只需要在冬至前后大致对称的时段里，分别测算几天正午的日影长度；然后选取三个数值 a、b、c（其中有两天是连续的），使 $b>a>c$，即可。

最后，可以大大提高测量的精确度。传统冬至点测量方法，只能精确到 1 天以内，而祖冲之的测算法，则可以精确到 1 刻以内（1 刻$=24\times\frac{60}{100}=14.4$ 分钟）。

正因为如此，祖冲之首创的冬至点测算法，一直为以后历代历算家所尊崇和采用。

由于祖冲之对冬至点的测算精确可靠，所以他据此制定的历法——《大明历》所定的年、月、闰周的数值，都达到了前所未有的精确度：

（1）1 回归年＝365.24281481 日。

与实际情况相比，1000 年才多半日，其精确度在当时世界上遥遥领先；在中国，直到南宋《统天历》（1199 年）才被超过。

（2）1 朔望月＝29.5305915 日。

与实际情况相比，每月误差不到 0.5 秒，领先世界 500 多年；直到北宋《明天历》（1064 年）才有更好的结果。

三、干支组合与计时

干支纪年是我国古老的纪年方法，直到现在，在我们日常生活中，仍然在用。例如，2018 年是戊戌年，2019 年是己亥年，2020 年是庚子年。而每年入梅、出梅、入伏、出伏等重要节令，都与干支纪日有关。那么，干支纪年、干支纪日，与数学有关系吗？——当然有，而且关系很大。

时间，像一条无穷无尽的长河，日复一日，年复一年，不断向未来延伸。怎样来分辨前天与昨天、去年与前年呢？又怎样来记载历史上某年某月某日发生了某个重大事件呢？这实在是个难题。

我们的祖先想出了一个绝妙的方法——干支纪日法。后来又发展为干支纪年、纪月、纪时。

干，就是“十天干”：甲、乙、丙、丁、戊、己、庚、辛、壬、癸；支，就是“十二地支”：子、丑、寅、卯、辰、巳、午、未、申、酉、戌、亥。将十天干与十二地支搭配起来，就能得到不同的干支组合：甲子、乙丑、丙寅、丁卯……直至癸亥，共六十个不同的干支名。因为天干与地支数目相差2，所以循环搭配时，逢单的甲、丙、戊、庚、壬5个天干，只能与逢单的子、寅、辰、午、申、戌这6个地支相配，得30个干支名；逢双的乙、丁、己、辛、癸5个天干，只能与逢双的丑、卯、巳、未、酉、亥这6个地支相配，得另外30个干支名。所以，不同的干支名，有且只有60个，合称“六十甲子”。

用这60个干支，给每一天起一个名字，依次称为：甲子日，乙丑日，丙寅日，丁卯日……直至癸亥日，这样，连续60天，每天都有不同的名字。然后从头再来，从甲子日起循环往复，周而复始（表4–3–1）。

表4–3–1　六十甲子表

甲子	乙丑	丙寅	丁卯	戊辰	己巳	庚午	辛未	壬申	癸酉
甲戌	乙亥	丙子	丁丑	戊寅	己卯	庚辰	辛巳	壬午	癸未
甲申	乙酉	丙戌	丁亥	戊子	己丑	庚寅	辛卯	壬辰	癸巳
甲午	乙未	丙申	丁酉	戊戌	己亥	庚子	辛丑	壬寅	癸卯
甲辰	乙巳	丙午	丁未	戊申	己酉	庚戌	辛亥	壬子	癸丑
甲寅	乙卯	丙辰	丁巳	戊午	己未	庚申	辛酉	壬戌	癸亥

据《春秋》记载：“（鲁隐公三年）春王二月，己巳，日有食之。”这是一次日食的记载，发生在公元前720年2月22日。从那以后，我国干支纪日，连续使用了2600多年，直至清末，从未间断，也从未发生混乱。这是世界上最为成功、使用时间最长的纪日

法。干支纪日法的设计，含有明显的组合学思想，这是世界上实际应用组合学知识的最早范例之一。

干支纪年从东汉《四分历》颁行的那一年开始，那一年是东汉章帝元和二年（公元 85 年），纪年的干支名为乙酉。干支纪年法一直用到现在。历史上发生的一些重大事件，也大多用事发当年的干支名来命名，如“辛亥革命”“戊戌变法”“甲午战争”等等。

干支纪日，60 天一循环，大约是两个月，方便记忆，又能区分相继两个甲子周期中同一日名的不同季节、不同景象，不至于弄错。而干支纪年，60 年一循环，大约是古人的一生。

古语说“人生七十古来稀”，可见古时年龄能超过七十的人很少。现在社会进步了，人的平均寿命大大提高。但是人过 60 岁，又回到出生时的那个干支年，“花甲重逢”，还是值得庆贺的。

今天，这种干支纪年、纪日的方法，仍然有用。

其一，可以推算出历史上任何一年的干支名。

其二，今天，农历的某些节令，仍然是按照干支纪日法来确定的。例如，每年的“入梅”，规定为芒种后第一个丙日（天干为丙）；“出梅”规定为小暑后第一个未日（地支为未）。所以，每年的“梅天”日数是不固定的。

最后，我们来说说干支纪年的一种推算方法。

因为《四分历》使用后，朝廷官方正式确定公元 85 年的纪年干支名为乙酉，可推算得：公元 4 年是甲子年。设要推算公元 N 年的干支名，它在最近一个甲子周期中的序号为 b（$0 \leqslant b < 60$），即有公式：

$b=N-60q-3$，其中 q 是正整数。

或作带余除法：求 $N-3$ 被 60 除后所得的余数。

例如，推算抗日战争全面爆发的 1937 年的干支名：

$1937-3=1934$，$1934=60\times 32+14$

因此，1937 年在甲子周期表中，是第 14 个干支名——丁丑，即 1937 年是农历丁丑年。

不过有两点需要注意：

第一，一个公历年跨越两个农历年，一般是以该年春节后的新农历年的干支名，来作对应；如果一个事件发生在某年元月或二月，那么，就要查万年历，才能确定它所对应的干支年号。

第二，照国际惯例，公元元年就是公元 1 年，而公元元年（1 年）的前一年是公元前 1 年。所以，推算公元前某年的干支年号时，要再减去 1 年。

四、欧拉与七桥

（一）七桥问题引发图论诞生

18 世纪东普鲁士的哥斯尼堡（现为俄罗斯的加里宁格勒），有一条帕瑞格河流经城区，河上有两个小岛，有七座桥把两个小岛与河岸联系起来，如图 4–4–1 所示。

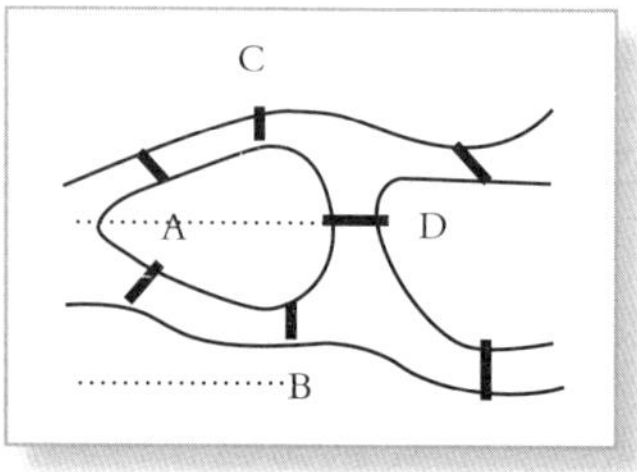

图 4–4–1

傍晚，人们经常在桥上散步。于是有人突发奇想，提出一个问题：一个人能否一次性地走过这七座桥，而每座桥只走一次，最后回到出发点？这个问题一经提出，立即引起许多人的兴趣。大家都在散步时试一试，以求解决这个问题。但是，走来走去，人们始终找不到一条散步路线，能够一次性地走过这七座桥而不重复过桥，并最后能回到出发点。是没有找到这条一次性路线呢？还是根本就不存在这样的路线呢？大家无法解决这个难题。于是人们请教大数学家欧拉。

图 4-4-2　欧拉

欧拉运用数学抽象的方法，巧妙地解决了这一难题。他的想法是：人们能否一次性走过七座桥，与每座桥的长短、形状都没有关系，与每块陆地的大小也没有关系。因此，可以把河的两岸和小岛等四块陆地，缩小到一点；把每座桥拉长，使其变成一条连接两点的曲线。即令图 4-4-1 变成由四个点和七条线组成的图 4-4-3。能否一次性走过这七座桥，就变成：能否一笔画出这个图来，而不重复。这样，就把一个实际问题，变成图形一笔画的数学问题。欧拉解决了这个问题，同时开创了数学的新分支——图论。

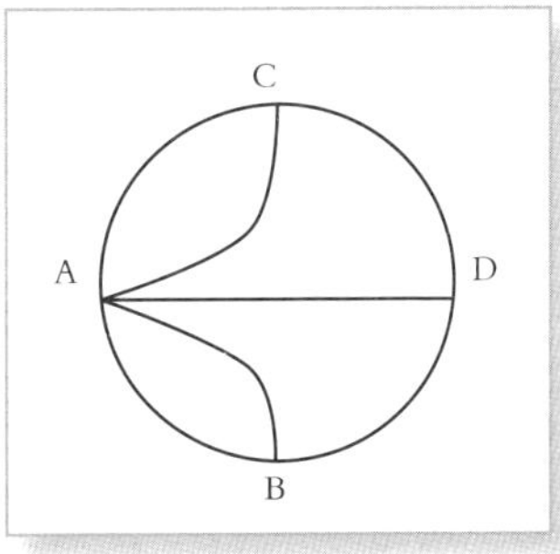

图 4-4-3

为了解释方便，把图中的点，称为“顶点”；图中的线条，称为“边”。连接偶数条边的顶点，称为“偶顶点”；连接奇数条边的顶点，称为“奇顶点”。

假如一幅图能够一笔画成，那么，除了起点和终点以外，其他顶点（中间点）都是一条边进，一条边出，因此都应该是偶顶点；只有起点和终点可能例外。所以，如果一幅图上的顶点没有奇顶点，或最多只有两个奇顶点，那么，该图就一定可以一笔画成。否则，就不能一笔画成。这样，就得到判别“图”能否一笔画的准则：若其奇顶点数目不超过 2，则可以一笔画成；否则不能一笔画成。

现在，我们回到七桥问题。这只要看图 4–4–3 上的奇、偶顶点的个数就行了——图上的四个顶点，都是奇顶点，个数超过 2，因此它不能一笔画成。从而图 4–4–1 中的七桥，人们不可能一次性走过每一座而不重复。人们长期以来的困惑得到了解决。为了纪念欧拉，人们把能够一笔画成的图，称为“欧拉图”。

通过欧拉解决七桥问题，我们看到了数学的力量：它可以将一个十分困难的实际问题，抽象成一个图形问题，在纸上通过图解就能得出答案。

（二）管梅谷与中国邮路问题

一个城市，以街道为边，以两条街道的交点为顶点，并以每条道路的长度标数，便组成了一幅加权图（标注每边长度）。邮递员需要走过每一条街道和每一个交点。问：如何选择一条最短邮路，使邮递员从邮局出发，跑遍所有的街道送完信以后，再回到邮局？这是中国数学家管梅谷先生于 1960 年在国际上首先提出来的邮递员问题，被国际图论界命名为“中国邮路问题”。

在“图”的每条边上加注数字表示边长，就成为一幅加权图。图中若干点和边连接起的折线，称为链。图中一条链上各边长之和，称为该链的长度。一条链的起点和终点重合为一点，则称为一条回路。

一幅加权图中的“最短邮路”，要符合以下条件：

1. 是可以一笔画成的“最短邮路”，不过可能有些边有重复；

2. 没有多于两次以上重复的边；

3. 图中每条回路上重复边的总长度，不超过该回路长度的一半。

满足这些条件的“最短邮路”，称为“中国邮路问题”的最优解。

关于最优解问题，有以下结论：

中国邮路问题的最优解是存在的；如果存在两个满足条件的最优解，那么它们邮路的长度相等。

以下我们用实例来介绍求最优解的方法。

问题：设邮路是如图 4-4-4 所示的加权图，其中点 A 是邮局所在地，每条线段上所标出的数字，表示该路段的长度。求此邮路的最优解。

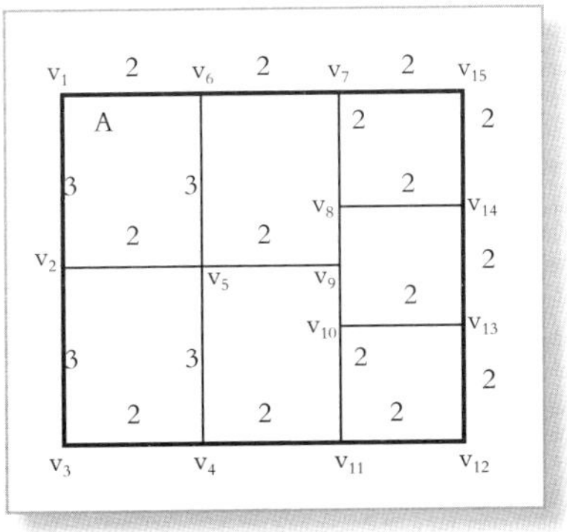

图 4-4-4

这是一幅有 15 个顶点的加权图，因为有 10 个奇顶点，所以它本身不能一笔画成。要想使它变成欧拉图，就要消灭这 10 个奇顶点。

我们注意到：若在两个奇顶点之间加一条边（重复边），就可以将这两个奇顶点消灭，使得奇顶点变为偶顶点。例如，在 V_6、V_7 之间加一条边，这两个顶点就变成了偶顶点。所以在加若干条边之后，就可以消灭所有的奇顶点，而使加边以后的图成为欧拉图（包含重复边）。在两个顶点 V_6 和 V_7 之间加一条边，其实际意义就是：在这长度为 2 的边 V_6V_7 对应的街道上重复走一次。因此，我们在造就加边欧拉回路时，希望所加的边越少越好，所加边的总长度越小越好。

下面用两种方法来加边，如图 4–4–5、4–4–6 所示。图 4–4–5 中的加边欧拉回路，在每个回路上的长度总和不超过所在回路长度的一半，符合最优解的条件，故这是一个最优解。图 4–4–6 中所加的边，在回路 L_1、L_2 上的长度之和，已经超过了所在回路长度的一半：回路 L_1 的长度为 8，所加边的长度为 6；回路 L_2 的长度是 10，所加边的长度为 6。所以图 4–4–6 中所画的加边欧拉回路，不是最短回路，因此，它不是最优解。现在，我们将图 4–4–6 中的加边回路进行调整，如图 4–4–7 所示。

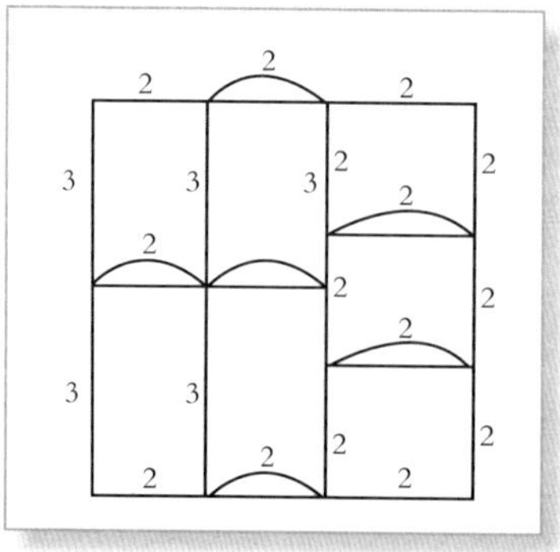

图 4–4–5

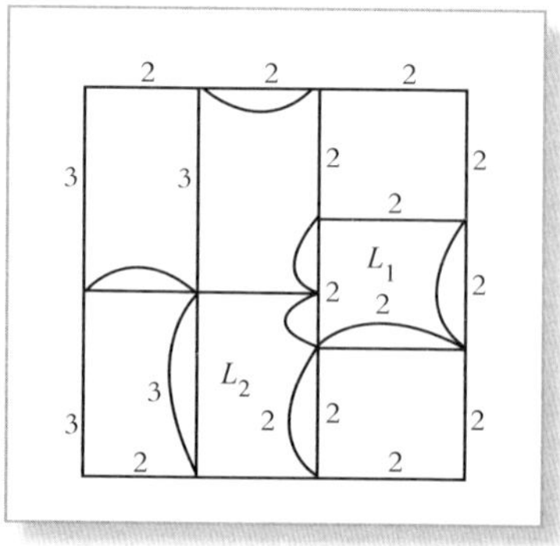

图 4–4–6

经过检查可知，图 4–4–7 中的加边欧拉回路，符合最优解的条件，因此，它也是一个最优解。而且，可以检验：它与图 4–4–5 中的邮路的总长度相等。

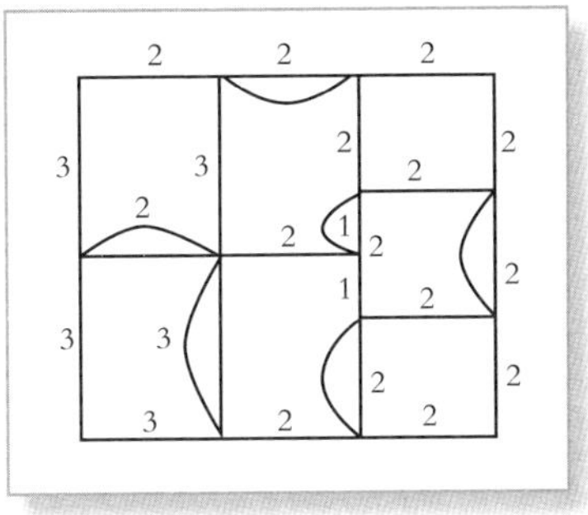

图 4–4–7

五、哈代与色盲遗传之困

（一）一个惊人的难题

色盲，虽然不是什么严重的疾病，但它是人的一种先天性视觉障碍。大约在 20 世纪初，有人发现色盲是可以遗传的。于是提出了一个惊人的问题：色盲既然能遗传给下一代，那么，将来会不会全世界的人都成为色盲？眼睛是人体十分复杂的器官，色盲又与遗传因素有关。当时，人们还不了解遗传基因的结构，根本没法了解色盲在遗传基因上的原因。所以，这似乎是当时无法解决的难题。

这个问题被提到了哈代那里。哈代（1877—1947）是英国大数学家，自称是纯粹数学家，对实际问题不感兴趣。但是，这回可是个例外。他对这个问题不但有兴趣，而且从概率统计的观点出发，仅用初等代数知识，就巧妙地解决了这个难题。请看他的奇思妙想。

图 4–5–1　哈代

（二）哈代的分析

他分析了大量临床统计资料，得知以下情况：

1. 色盲者中，男女都有，但男性患者比女性患者多得多；

2. 父亲色盲、母亲正常，其子女不色盲；

3 母亲色盲、父亲正常，其子女中男孩色盲、女孩正常。

因此，他判断：色盲的遗传与性别有关。当时人们知道的情况是：男女性别的差异，与遗传基因中的性染色体有关。每个人的体内有 23 对染色体，每对染色体中的 2 条染色体形态基本相同，分别来自父亲和母亲；其中有一对特殊的染色体——性染色体，决定人的性别。男性的性染色体是 XY，女性的性染色体是 XX。在遗传给下一代时，母亲赋予子女的总是 X，父亲随机地给予子女 X 或者 Y，所以男女出生的概率是 1 : 1。

既然色盲与性别有关，所以色盲者一定是性染色体上出了“毛病”。那么，究竟是 X 出了“毛病”，还是 Y 出了“毛病”呢？——一定是 X，而且这条“异常”染色体会世代遗传下去。

为什么能肯定“异常”染色体是 X 呢？这可用反证法来证明：假如“异常”染色体是 Y，女性就不会有色盲，因为女性染色体中没有 Y。但是，有女性色盲存在，只是比男性色盲少而已。所以“异常”的一定是 X，而不是 Y。

那么，为什么男性色盲比女性多呢？这是因为女性有两个 X，如果其中有一个异常、一个正常，仍然可以维持正常。我们暂称此为“次正常”（非色盲）。

这样，男性就分为两类：正常和色盲。女性则分为三类：正常、次正常和色盲。

根据这些分析，就可以利用数学方法，来估计下一代人中的色盲比例。

为了方便数学处理，哈代作了如下合理假设：

其一，在两类男子和三类女子之间，夫妇配对的机会是随机的。

其二，“异常”染色体（记作“X-”）在所有染色体中所占比例 p，在男、女染色体 X 中的比例也保持不变。

其三，子女中男女出生比例为 1∶1。

（三）建立数学模型和计算

男性中正常和色盲两类，以 F、S 表示；女性中正常、次正常和色盲三类，分别以 Z、C、K 表示。则 F、S 在男性中所占比例分别为 q、p（$q=1-p$）；Z、C、K 在女性中的比例，分别为 q^2、$2pq$（因为女性有两个 X，可以任选一个）、p^2。因此，男女色盲数占总人口数的比例为：$\frac{1}{2}(p+p^2)$。

夫妇配对有 6 种类型，在夫妇总体中各占比例如下：

第一类（F，Z）——男、女均正常，q^3；

第二类（F，C）——男正常、女次正常，$2pq^2$；

第三类（F，K）——男正常、女色盲，p^2q；

第四类（S，Z）——男色盲、女正常，pq^2；

第五类（S，C）——男色盲、女次正常，$2p^2q$；

第六类（S，K）——男女均色盲，p^3。

以下分类计算这 6 类夫妇的子女中色盲的概率。

第一类夫妇，显然子女中不会有色盲。

第二类夫妇（F，C）子女的染色体搭配有 4 种情况，如表 4–5–1 所示：

表4–5–1

染色体搭配情况		父亲正常F	
		X	Y
母亲次正常C	X–	（X，X–）次正常女儿	（X–，Y）色盲儿子
	X	（X，X）正常女儿	（X，Y）正常儿子

4 种情况中有 1 种是色盲，即这类夫妇的子女中有$\frac{1}{4}$是色盲，在下一代人口中所占的比例是 $2pq^2\times\frac{1}{4}=\frac{1}{2}pq^2$。

第三类夫妇（F，K）子女的染色体搭配也有 4 种情况（表 4–5–2）：

表4–5–2

染色体搭配情况		父亲正常F	
		X	Y
母亲色盲K	X–	（X，X–）次正常女儿	（X–，Y）色盲儿子
	X–	（X–，X）次正常女儿	（X–，Y）色盲儿子

4 种情况中有 2 种是色盲，故这类夫妇的子女中有$\frac{1}{2}$是色盲，在下一代人口中所占的比例是$\frac{1}{2}p^2q$。

第四类夫妇（S，Z）子女的染色体搭配也有4种情况（表4–5–3）：

表4–5–3

染色体搭配情况		父亲色盲S	
		X–	Y
母亲正常Z	X	（X，X–）次正常女儿	（X，Y）正常儿子
	X	（X，X–）次正常女儿	（X，Y）正常儿子

此类夫妇的子女不会有色盲。

第五类夫妇（S，C）子女的染色体搭配也有4种情况（表4–5–4）：

表4–5–4

染色体搭配情况		父亲色盲S	
		X–	Y
母亲次正常C	X–	（X–，X–）色盲女儿	（X–，Y）色盲儿子
	X	（X，X–）次正常女儿	（X，Y）正常儿子

这类夫妇的子女中有一半是色盲，在下一代人口中所占的比例是 $2p^2q\times\dfrac{1}{2}=p^2q$。

第六类（S，K）的子女，显然一定是色盲，其在下一代人口中占 p^3。

将以上6类（实际只有4类有色盲子女）夫妇的子女中色盲的比例数相加得：

$$\begin{aligned}
&\frac{1}{2}pq^2+\frac{1}{2}p^2q+p^2q+p^3\\
=&\frac{1}{2}pq(p+q)+p^2(p+q)\\
=&\frac{pq}{2}+p^2\\
=&\frac{1}{2}p(1-p)+p^2\\
=&\frac{1}{2}(p+p^2)
\end{aligned}$$

此即下一代人口中色盲所占的比例。

（四）结论

我们惊奇地发现：它与上一代人（即父母辈）中色盲所占比例完全相同！

由此可以得出结论：色盲虽然会遗传给后代，且随着总人口的增加，色盲的绝对数量会增加。但是，色盲在每代人中所占的比例不会增大。所以，绝对不会使全人类都变成色盲！

到此，面对这个惊人的难题，哈代运用他的数学智慧，仅用简单的中学数学知识，就巧妙地解决了。这不能不令人惊叹，惊叹数学之大用，数学之大美！

六、双马人口论数学解析

这里所说的“双马”，是指英国人口学家马尔萨斯（1766—1834）和中国人口学家马寅初（1882—1982）。

二人虽然相距百年，地理距离也相距万里，但他们都是人口学研究方面泰斗级的专家。

图 4-6-1　马尔萨斯

图 4-6-2　马寅初

世界上人口问题，都是重要的社会问题。但作为社会学的一个专门学问提出，始于英国的学者马尔萨斯，他在 1798 年发表的《人口论》堪称人口学的创始之作。他认为一个国家或地域的人口增长速度，与人口基数 $p(t)$ 成正比，人口增长率为 r，其数学模型为：

$$\frac{dp}{dt}=rp(t) \qquad (1)$$

为简便起见，可以假定在短时间里人口增长率不变，即认为 r 是常数。于是（1）式是一阶线性齐次微分方程，容易分离变量，再积分：

$$由（1）\Rightarrow \frac{dp}{p(t)}=rdt,$$

再积分得

$$p(t)=p_0e^{r(t-t_0)} \qquad (2)$$

这就是所谓的人口增长的“指数模型”。

例如以 1961 年为起始时间 t_0，当时全世界人口基数为 30.6 亿，又假设增长率为 $r=0.02$，即人口年净增长率为 2%。那么，将这些数据代入公式（2），便得到：

$$p(t)=30.6\times10^{9}\times e^{0.02(t-1961)} \qquad (3)$$

这个数学模型究竟符不符合实际情况呢？现在对上述模型进行检验：用（3）式来计算 1700—1961 年间，全世界人口增长情况，结果是这 200 年间，每 34.6 年人口增长 1 倍。而实际情况是每 35 年增长 1 倍，与理论结果非常接近。所以，马尔萨斯人口理论，曾经盛行一时。

但是，若用该公式来预测未来人口增长趋势，则令人不安。因为（3）式表明：人口数量是时间的指数函数，当 $t\to\infty$ 时，人口总数 $p(t)\to\infty$。例如，用此公式计算 2035 年的人口，竟达到 2200 万亿！那时，地球上每个人立足的地方，只有 1 平方英尺，连站立都困难。这显然不是人们所希望的，因为地球的承载能力是有限的。

所以后来学者对马尔萨斯模型提出了改进意见，在微分方程的右边，增加一个“竞争项”，建立新的数学模型：

$$\frac{dp}{dt}=ap-bp^{2},\ p(t_0)=p_0 \qquad (4)$$

其中 a，b 均为常数，称为“维他系数”；第二项“$-bp^2$”，称为竞争项。一般来说 b 比 a 要小得多。因此，当 $p(t)$ 不是很大时，第二项可以省略，便成为（1）式。而当 $p(t)$ 较大时，该项就必须考虑。（4）式是伯努利型的一阶微分方程，它的解为：

$$p(t)=\frac{ap_0}{bp_0(a-bp_0)e^{-a(t-t_0)}}\ (a-bp_0\neq0) \qquad (5)$$

在（5）式中若令 $t\to\infty$，则 $p(t)\to\frac{a}{b}$。当 $0<p_0<\frac{a}{b}$ 时，$p(t)$

单调增加，函数图像大致呈 S 形，其拐点在 $p=\frac{a}{2b}$ 处，如图 4-6-3 所示。

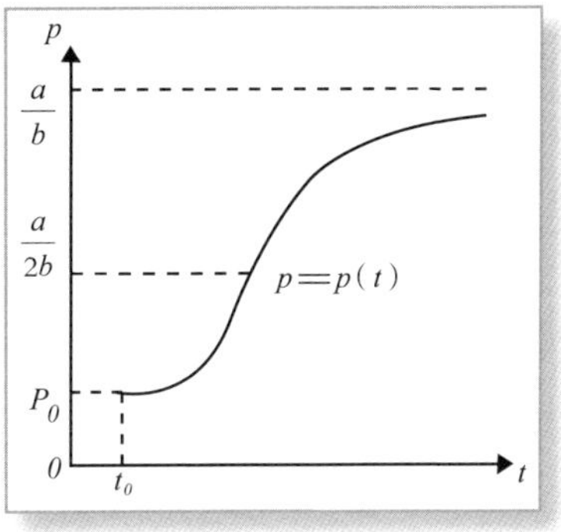

图 4-6-3

由生物学实验可以推算得 $a=0.029$，根据 1961 年人口实际数字，算得 $b=2.941\times10^{-12}$。

将 a、b 的值代入（5）式，再令 $t\to\infty$，则得 $p(t)\to\frac{a}{b}=98.6$（亿），这就是所预测的未来世界人口的最大值。

当然，由于世界各地社会发展情况差异很大，人口数的波动也很大，所以，公式（5）的可靠性究竟有多大，还有待于时间的检验。但是，这可以为我们制定人口政策，提供一个重要参考。

我国的马寅初先生于 1957 年发表了一篇重要论文——《新人口论》，提出关于我国人口控制的一种新的理论。他与马尔萨斯的不同之处是，他认为国家人口不能简单地说越多越好，而应当有所控制和计划。他的新人口论的观点是：一个国家或地区的人口增速，不仅与人口基数有关，而且应受地域资源最大承受能力的制约。每个国家和地区，都有最大可承载人口量。超过这个最大承载量，就可能造成经济和社会问题，给人们带来饥饿、疾病等灾难。中国即使地域辽阔，资源丰富，也有一个人口最大承载量（设为 M）。假设现有人口为 p，那么 $M-p$ 就是人口增长空间。增长空间越大，增长速度就越大；增长空间越小，增长速度就应该越小。即人口增长速度不仅与人口基数成正比，与人口增长空间也成正比。于是他提出人口增长的新公式：

$$\frac{dp}{dt}=kp(M-p)\ ;\ p(t_0)=p_0$$

把上式改写为 $\frac{dp}{dt}=\alpha p-\beta p^2$。

其中 $\alpha=kM$，$\beta=k$；$\frac{\alpha}{\beta}$就是人口最大承载量 M。

由此可得 $\frac{dp}{\alpha p-\beta p^2}=dt$ 或 $\frac{dp}{(\alpha-\beta p)p}=dt$。

两边积分，得：

$$\int_{p_0}^{p}\frac{dp}{(\alpha-\beta p)p}=\int_{t_0}^{t}dt$$

$$\frac{1}{\alpha}\ln\frac{p}{\alpha-\beta p}\Big|_{p_0}^{p}=t-t_0$$

$$\ln\frac{p(\alpha-\beta p_0)}{p_0(\alpha-\beta p)}=\alpha(t-t_0)$$

最后得到人口增长公式：$P(t)=\frac{ap_0e^{a(t-t_0)}}{a-bp_0+bp_0e^{a(t-t_0)}}$。

其图像与图 4-6-3 大致相同。

法国和美国都曾经用此公式预测过人口趋势，计算结果与实际情况吻合。我国以此公式为依据，用 1990 年全国人口普查数据，若按照千分之一人口增长率计算，再由生态学家测得的 $\alpha=0.029$，可以算得 β 值约为 $\frac{0.019}{1160017381}$。带入上述公式，可以算得 $p(t)$ 当 $t\to\infty$ 时的极限值：

$$\frac{\alpha}{\beta}=M=1770552845\approx 18\text{（亿）}。$$

即如果按照马老当时提出的人口政策（实行计划生育），我国人口增长的极限值，可限制在 18 亿以内。仁者长寿，马寅初先生活到了 100 岁，在 2019 年中华人民共和国成立 70 周年之际，他被评为“最美奋斗者”。

七、商标设计中的数学

（一）几何图形与商标设计

只要人们稍加注意，就会发现：许多商品的商标都是几何图形，或由几何图形变化而成的，特别是一些著名品牌。例如，奔驰汽车、三菱重工、联想电脑、北大方正、上菱电梯等。一说到商标，多数人首先容易想到的，也是几何图形商标。

为什么会这样呢？这是因为几何图形商标对人产生的视觉效果，有显著的广告宣传优势。几何图形商标有以下几个特点，也是它的优点：

第一，构图简洁明快，立体感强。这是由基本几何图形的形体规则所决定的。因此，给人们的整体印象鲜明而突出。

第二，彼此差异显著，易于为人们识别和辨认。因为不同种类的几何图形的基本属性不同，决定了人们对它们的视觉效果大不一样。即使同为直线图形，也由于其基本图形的组成不同、色彩不同，而显示出较大的差别。人们常常有这样的经验：远远望去，两个不同的文字标牌不一定分辨得出来，但是，两个不同的几何图形商标，却能够分辨得很清楚。

第三，几何图形规范性强，制作简单。几何图形，特别是基本几何图形，其作图都有既定的标准作法，按其作图步骤去作，不论何人，作出来的图形都能够符合要求。这给几何图形商标的制作带来了极大的方便。如果商标是一只大公鸡，那么制作起来就麻烦多了，而且各人所画的也很难整齐划一。

由此带来的是几何图形商标良好的广告效应。

直线形，粗实而富有力度；曲线形，优美而富有美感。对称形，表现为匀称美；不对称形，表现出奇异美。黑白图形，庄重而有力；彩色图形，明丽而悦目。

图 4-7-1

图 4-7-2

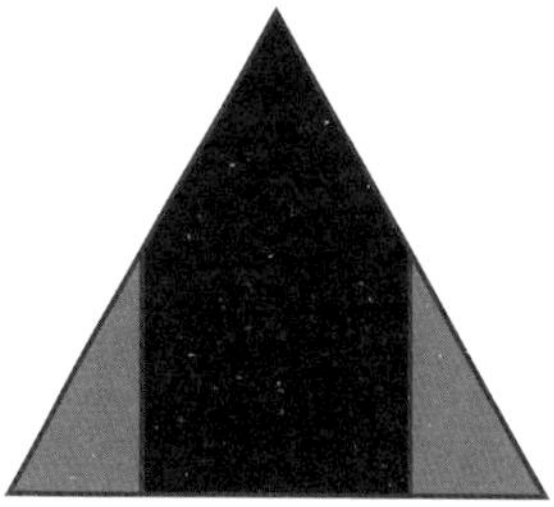

图 4-7-3

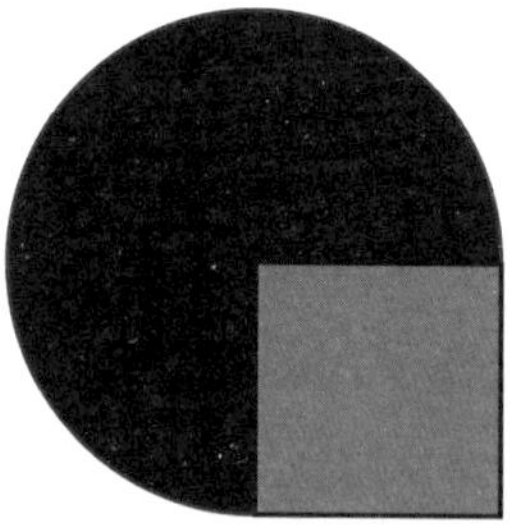

图 4-7-4

粗实的直线图形，如图 4-7-1、4-7-2、4-7-3，使人联想到产品质量的坚实可靠；优雅的曲线图形（图 4-7-4），使人联想到产品的美妙灵巧。还有的几何图形商标与产品的名称、产地等结合紧密，使人一看到商标，就立刻联想到该产品的相关信息。有的则设计精妙，体现出商家的人文精神和创业思想。正因为如此，许多知名厂商、知名品牌，都选择用几何图形来作其商标或厂家标志。

几何图形商标大体可分为以下几类：

1. 单形，即由一个单独的基本几何图形，或一个基本几何图形的一部分构成。如图 4–7–5，是一个矩形的大部分（从四边挖去四个半圆）。图 4–7–6，可以看作一个稍加变形的平形四边形。

图 4–7–5

图 4–7–6

图 4–7–7

图 4-7-8

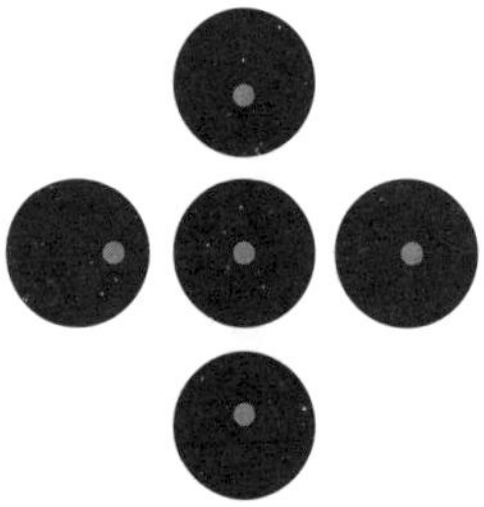

图 4-7-9

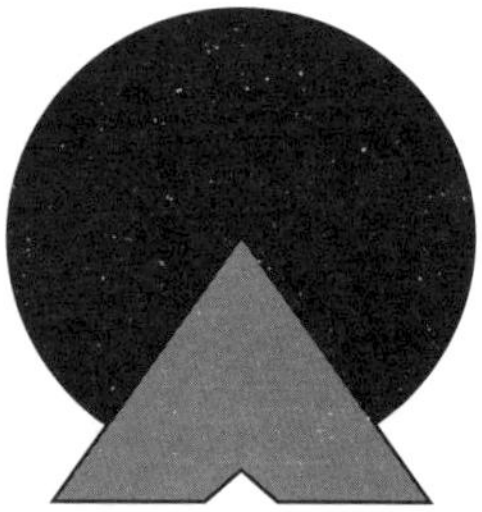

图 4-7-10

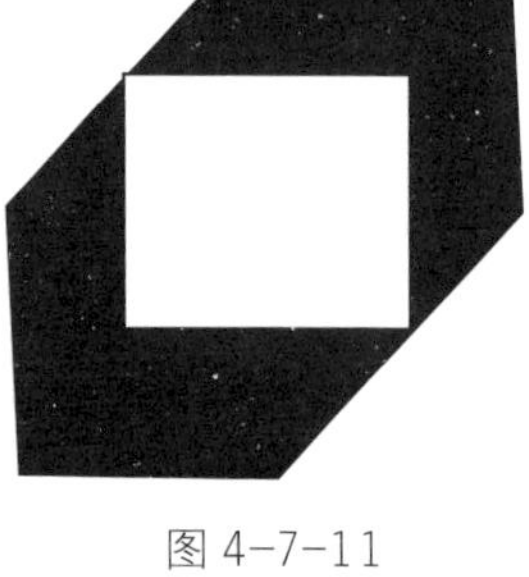

图 4-7-11

图 4-7-12

2. 分形，即将一个基本几何图形分成两部分，或几部分。如图4–7–1，可以看成是将一个正六边形分成四部分：中间一个正三角形，外面三个等腰梯形。图 4–7–3，是将一个三角形分成三部分：两边两个直角三角形和中间部分。图 4–7–7，也可以看作用一条折线，将一个圆分成两部分。图 4–7–8，是将一个圆等分成三个扇形。

3. 几个相同（似）基本几何图形的组合。如图 4–7–2，是由三个相同的菱形组成。图 4–7–9，是由其上有小圆点的五个小圆形组成。图 4–7–1，也可以看作由三个等腰梯形围成。

4. 变形，将基本几何图形进行变形，如图 4–7–6，是平行四边形的变形。

5. 组形，将两个或几个不同类型的基本几何图形组合而成。如图 4–7–4，是由一个圆（部分）和一个正方形组成。图 4–7–10，是由一个圆和一个正三角形（下边缺一小三角形）组成。

6. 混合形，将多种基本图形经过变化，混合使用。如美菱电器、北大方正、联想集团、可口可乐等的商标。

利用几何图形来设计商标，通常有以下几种设计思想：

第一，以形象物。即以几何图形来象征产品的名称、形体、属性，或生产厂商的名称、所在地的特有景观等，以达到形物结合的效果。如奔驰汽车的商标（图 4–7–8），象征汽车的特有部件——方向盘；三菱重工的商标（图 4–7–2），三个菱形象征粗重的钢锭；红方集团的商标（图 4–7–4），与其名称结合得十分贴切，使人一看就明白。

第二，以形寓意。以构建的几何图形，来表达产品的性能、质量、特点，或厂家的雄心、愿望等，从而取得良好的宣传效果。如图 4–7–1，徐工集团商标，以三个粗大的深色等腰梯形，象征起重机械架起的钢梁铁柱，既坚实，又灵巧。

特别值得一提的是前面给出的图 4–7–5 西安杨森商标的几何图形。初看起来，没有什么奥秘，但仔细研究，会发现它设计精巧、构思奇妙。

其一，它是一个大写的汉语拼音字母“X”的变形，象征其厂址在西安（西安拼音第一个字母是“X”）。其二，长方形从四面挖去四个半圆，好像是被人啃掉一口，这正是它要表达的意思：它是一个制药厂，希望四方都来吃它的药品。其三，长方形挖去四个半圆后，剩下的图形，好像是四个向外的箭头，这象征着企业向四面八方发展。设计多么巧妙，图形又是多么简洁！真是一个很好的商标设计典型。

第三，以形寓美。以优美的图形、巧妙的构思、华丽的色彩吸引人们的注意，让人生发联想，以此来达到广告宣传的效果。如太阳神口服液，其商标图形（图 4–7–10）象征着一轮初升的太阳，十分美丽动人。联想集团曾用的商标，方与圆结合，方形象征电脑的屏幕，圆象征人的大脑，又用两个大写的拼音字母“*L*”（“联想”汉语拼音第一个字母），将二者联系起来，使人产生一种联想：电脑使我们的大脑与外部世界联系起来。

在设计几何图形商标时，有几个关系要处理好，那就是：

（1）处理好图形的方与圆、曲与直、巧与拙、对称与不对称、动与静之间的辩证关系。

由于几何图形与生活中的某些事物的形体相似，容易使人们产生相似联想，这给某些几何图形加上了感情色彩。例如，圆与曲线，使人感觉优美而灵活；直线图形，使人感觉稳定而结实。对称图形，有匀称美；不对称图形，有奇异美。上小下大则稳定、坚实；上大下小则灵巧。如用正立的三角形作上菱电梯的商标（图4–7–3），使人有稳定、可靠的感觉；而用倒立的三角形作手表的商标（图4–7–12），使人感到它的灵巧。若将这两个图形换位，人们的感观与产品的性能就不相符合了。

（2）要给出明确的作图规范，对于非基本几何图形，或组合几何图形，尤其需要如此。这种作图规范，最好用数学语言来给出，如几何作图那样，或给出解析表达式，用坐标和定量的办法来给出绘制标准。

（3）几何图形商标设计，要尽可能简洁明快，颜色要尽可能地少，或就用黑白图。要善用图形来表达意思，尽可能不用文字，或少用文字。即使非用不可，也要图案化、形象化。如美菱电器的几何图形商标，是用图案化的、变形的两个“M”组成一个菱形图案，很是美观。西安杨森的几何商标，外观也是一个变了形的字母“X”。

总之，用几何图形作为商标，不仅美观，而且非常实用，宣传效果明显，广为人们所喜爱。

八、最佳运输方案的制定

问题：A、B、C 三个城市分别有某种机器 10 台、10 台和 8 台，D、E 两市则分别需要这种机器 18 台和 10 台，从 A 市运 1 台机器到 D、E 的运费，分别为 200 元和 800 元；从 B 市运 1 台机器到 D、E 的运费，分别为 300 元和 700 元；从 C 市运 1 台机器到 D、E 的运费，分别为 400 元和 500 元。则：如何安排运输，使总的运费最少？

分析：问题中的数据很多，我们可以设计出一张表格，将这些数据分类列于表中，使我们能看出其间的关系（表 4-8-1）：

表4-8-1

运费 供地 / 需地	A	B	C	需量
D	200	300	400	18
E	800	700	500	10
供量	10	10	8	

如果从 A 市运 x 台机器到 D 市，从 B 市运 y 台机器到 D 市，能够满足问题的要求，那么，有关两个城市之间的运费，就如表 4-8-2 所示：

表4-8-2

运费＼供地 需地	A	B	C	需量
D	$200x$	$300y$	$400(18-x-y)$	18
E	$800(10-x)$	$700(10-y)$	$500(x+y-10)$	10
供量	10	10	8	

从表 4-8-2 可见：

总运费 $W(x,\ y)$

$$=200x+300y+400(18-x-y)+800(10-x)+700(10-y)$$
$$+500(x+y-10)$$
$$=17200-500x-300y \qquad (1)$$

其中 x、y 的限制条件是：

$$0\leqslant x\leqslant 10,\ 0\leqslant y\leqslant 10,\ 0\leqslant 18-x-y\leqslant 8 \quad (2)$$

于是，我们的问题就是：在条件（2）的约束下，求函数（1）的最小值。

函数（1）称为目标函数，（2）为限制条件。这里的目标函数是线性函数，这就是一个线性规划问题。

问题求解：对于这个特殊的目标函数（1），可以变形如下：

$$W(x,\ y)=17200-300(x+y)-200x \qquad (3)$$

因为由条件可得 $10\leqslant x+y\leqslant 18$，而当 $x+y=18$ 时，x 的最大值为 10，所以将 $x+y=18$，$x=10(y=8)$ 代入（3），得 W 的最小值 $W(10,\ 8)=9800$（元）。

线性规划问题的典型提法是：求目标函数（二元线性函数）

$$p(x, y)=ax+by+c \qquad (4)$$

在一组线性不等式

$$f_i(x, y) \geqslant 0, \ i=1, 2, \cdots, m \qquad (5)$$

的限制下的最大值或最小值。

解决线性规划问题，通常有三种方法：表上作业法、图上作业法和多边形法。

现在就以上面的问题为例，分别介绍这三种方法。

（一）表上作业法

已如上述：设计和绘制表格，将相关数据填入表中（如表 4-8-1）。

在表中，对 D 地供货的 A、B、C 三地中，首先选运费最少的 A 地，尽可能地先从 A 调运 10 台到 D 地；不足的 8 台，再从运费次少的 B 地调运。此时，对 E 地可以供货的，只有 B、C 两地，而其中 B 地只有 2 台可调运，其余 8 台从 C 地调运。这样就得到一个合理的调运方案。此时，如我们已经做过的，其总运费的最小值为 $W(10, 8)=9800$ 元。

（二）图上作业法

如果将表 4-8-1 中两地之间的运费，看作两地之间的距离（距离与运费成正比），那么目标函数 $W(x, y)$ 就是总的运量。以点代表各地，按照两地的距离长短，按比例画出连接线段，画一个运输路线图——加权图（图 4-8-1），把问题表示出来：

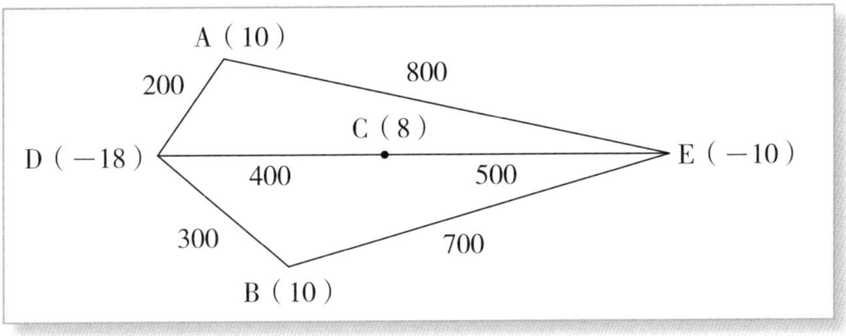

图 4-8-1

图中供地 A、B、C 的供量，用正数表示；需地 D、E 的需量，用负数表示。

制定运输方案时，在图上进行作业：在连接需地 D 的三条路线中，先从最短路线 AD 运入 10 台；再从次短路线 BD 运入 8 台。运输路线用箭头表示。对需地 E，从 C 地运入 8 台，从 B 地运入 2 台。从而得到一张运输流程图（图 4-8-2）：

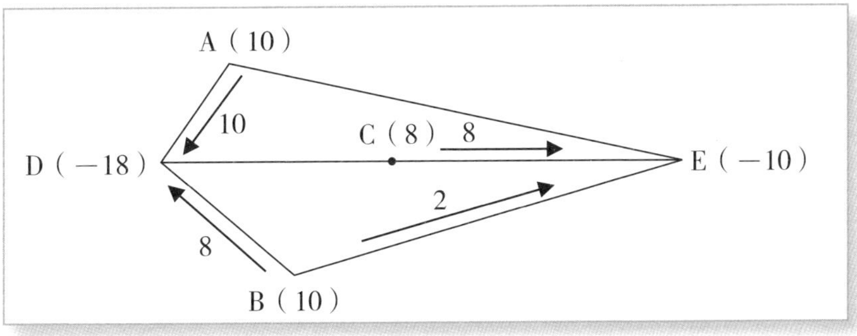

图 4-8-2

按此图安排运输，其结果与表上作业法一致，只是将运费换成了运程。计算可得其总运费的最小值为 $W(10, 8)=9800$ 元。

（三）多边形法

在 x–y 平面上，目标函数（4）表示一组平行直线，限制条件（5）一般表示一个多边形。例如，本例中的限制条件 $0 \leqslant x \leqslant 10$，$0 \leqslant y \leqslant 10$，$0 \leqslant 18-x-y \leqslant 8$ 就表示一个等腰梯形，如图 4–8–3 所示的阴影区域 G。

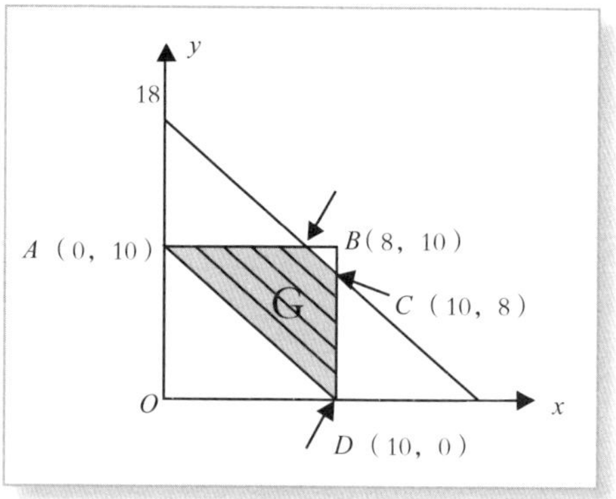

图 4–8–3

而目标函数 $W(x, y)=17200-500x-300y$ 是一组平行直线。$W(x, y)$ 的最大或最小值，一定经过这个多边形的顶点。因此，只要计算得此多边形顶点的坐标，并代入直线方程，其中最大值或最小值，就是我们所要求的结果。

经过计算，区域 G 的顶点坐标为：A（0，10），B（8，10），C（10，8），D（10，0）。

由此得 $W(x, y)$ 的最小值和最大值分别是：$\min W=W(B)=9800$，$\max W=W(A)=14200$。

三种解法，各有其妙，各有其美。

九、飞越北极的北京—纽约航线

2001 年 7 月 16 日新华社报道：此前一天，7 月 15 日，我国首次开辟“极地航线”——北京—纽约航线，途经蒙古、俄罗斯、北极地区和加拿大。此“极地航线”比原来航线缩短了一个多小时的飞行时间。关于“极地航线”可提出两个数学问题：第一，连接北京、纽约的“极地航线”的最短航程是多少？第二，这条最短的“极地航线”与北极点能够接近到什么程度？

第一个问题，是求球面上两点间的球面距离，这是一个常见的数学问题。第二个问题，是求球面上一点到一个大圆弧的球面距离，这是一个不常见的问题。我们可以用中学课本中的知识来解决它。

为此，我们首先要分析一下已知条件——北京和纽约的经纬度为北京（北纬 39.9°，东经 116.4°）、纽约（北纬 40.9°，西经 73.7°），为简化计算，可以视为都在北纬 40° 线上。北极点 N 是纬度的极点，那么将两个问题化为数学问题：

（1）求 A（北京）、B（纽约）两点间的球面距离；

（2）N 点到大圆弧 $\widehat{AB}$ 的球面距离。

解：这是球面几何问题，需要有关球面几何与球面三角知识。

设球心 O，连接 OA、OB、ON，构成三面角 $O-ABN$。又设 $\angle AON=\alpha$，$\angle BON=\beta$，$\angle AOB=\gamma$，球面 $\triangle ABN$ 的三个球面角分别为 A、B、N。

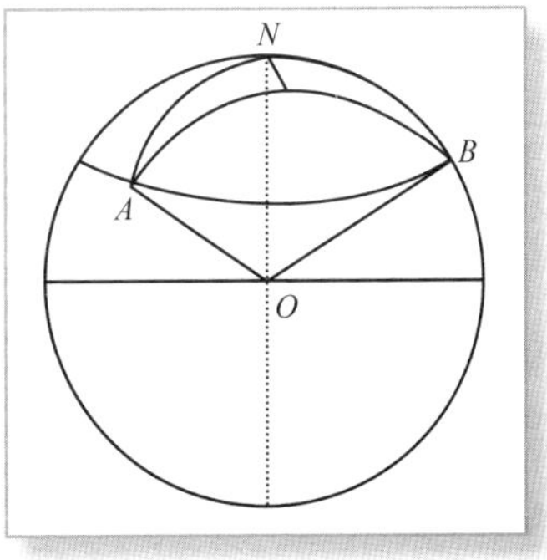

图 4-9-1

在图 4-9-1 上，我们考虑以 O 为顶点的三面角 $O-ABN$。

已知面角 $\alpha=\angle AON=90°-39.9°$

$=50.1°$，$\beta=\angle BON=90°-40.9°=49.1°$，二面角 $A\text{-}ON\text{-}B=\angle N=360°-(116.4°+73.7°)=169.9°$；地球半径 $R=6370\text{km}$。

这本来是球面三角的问题，我们要把它化为立体几何中的三面角的问题来解。为此，先推导有关三面角的两个有用的公式。

如图 4-9-2，在三面角 $O\text{-}ABN$ 中，设 $OA=R$，$\angle BON=\beta$，$\angle AON=\alpha$，$\angle AOB=\gamma$。

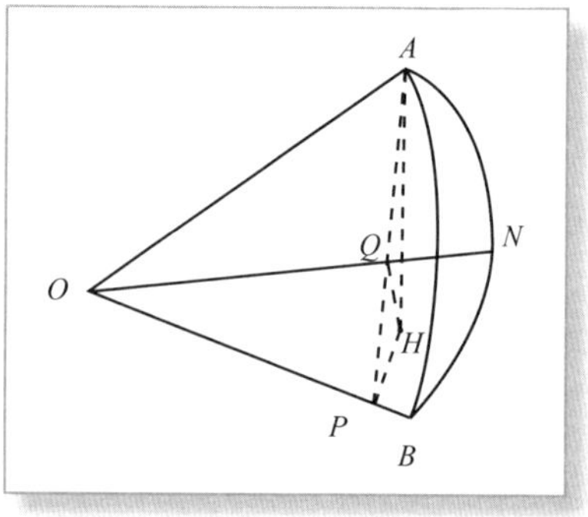

图 4-9-2

过 A 作对面垂线 AH，H 为垂足；过 H 作 $HP\perp OB$，作 $HQ\perp ON$，P、Q 分别为垂足；连接 AP，AQ。则 $N=\angle AQH$ 为二面角 $A\text{-}ON\text{-}B$ 的平面角，$B=\angle APH$ 为二面角 $A\text{-}OB\text{-}N$ 的平面角。

折线 $OQHP$ 在 OB 上的射影，等于 OQ、QH、HP 在 OB 上射影之和，等于 OP。而 HP 在 OB 上的射影为 0，OQ、QH 在 OB 上的射影，分别为

$$OQ\cos\beta=OA\cos\alpha\cos\beta=R\cos\alpha\cos\beta;$$

$$\begin{aligned}QH\cos(90°-\beta)&=AQ\cos N\sin\beta\\&=OA\sin\alpha\cos N\sin\beta\\&=R\sin\alpha\cos N\sin\beta\end{aligned}$$

所以，$R\cos\alpha\cos\beta+R\sin\alpha\cos N\sin\beta=OP=OA\cos\gamma=R\cos\gamma$。

约去 R，便得三面角的余弦公式：

$$\cos\gamma=\cos\alpha\cos\beta+\sin\alpha\cos N\sin\beta \qquad (1)$$

它可以和平面三角形的余弦定理相类比。

另一方面，考虑到 AP、AQ 在 AH 上的射影相等——都等于 AH，容易得到 $AP\sin B=AQ\sin N$，$OA\sin\gamma\sin B=OA\sin\alpha\sin N$，或 $\sin\gamma\sin B=\sin\alpha\sin N$。同理可得 $\sin\alpha\sin N=\sin\beta\sin A$。

由此得三面角的正弦公式：$\dfrac{\sin\alpha}{\sin B}=\dfrac{\sin\beta}{\sin A}=\dfrac{\sin\gamma}{\sin N}$　　（2）

它可以类比于平面三角形的正弦定理。

现用公式（1）和（2）来解决我们的问题。

1. 求 A、B 两点间的球面距离，即大圆弧（劣弧）$\overset{\frown}{AB}$ 的长。

将有关数据代入（1）式，有

$$\begin{aligned}\cos\gamma&=\cos\alpha\cos\beta+\sin\alpha\cos N\sin\beta\\&=\cos50.1^\circ\times\cos49.1^\circ+\sin50.1^\circ\times\cos169.9^\circ\times\sin49.1^\circ\\&=-0.1508951\end{aligned}$$

查反余弦函数表得 $\gamma\approx98.6788^\circ$。从而

大圆弧（劣弧）$\overset{\frown}{AB}$ 的长 $=\dfrac{\gamma}{180}\times\pi\times6370\approx10970.86$（km）。（$\pi\approx3.1415926$）

连接 A，B 两点间的小圆弧，近似地等于北纬 40° 的纬度圈在这两地之间的一段弧长：

$\dfrac{169.9}{180}\times\pi\times6370\times\sin50^\circ\approx14469.854$（km）。（$\pi\approx3.1415926$）

显然，它比 AB 间球面距离长了约 3500 km。即极地航线比沿北纬 40° 航线缩短约 3500 km。

2. 求 N 点到大圆弧（劣弧）$\overset{\frown}{AB}$ 的球面距离。过 N 点作大圆弧与 $\overset{\frown}{AB}$ 直交，交点为 K。先在三面角 $O\text{-}ABN$ 中用公式（1）将有关数值代入，求二面角 A：

$$\cos A=\frac{\cos\beta-\cos\alpha\cos\gamma}{\sin\alpha\sin\gamma}\approx 0.9909695。$$

查表得 $A\approx 7.7^\circ$ 。

在三面角 $O\text{-}ANK$ 中设$\angle NOK=\omega$，二面角 $A\text{-}OK\text{-}N$ 为直角。将有关数值代入公式（2），得：

$$\sin\omega=\sin\alpha\sin A=\sin 50.1^\circ\times\sin 7.7^\circ\approx 0.1027895$$

从而查表得 $\omega\approx 5.9^\circ$ 。大圆弧（劣弧）$\overset{\frown}{NK}\approx 656$（km）。这就是北极点到最短“极地航线”的球面距离。

可见，这条最短“极地航线”已经深入北极腹地，离北极点非常近。

本章所述，关于数学的大用，只是略举数例。在 20 世纪 70 年代，华罗庚先生身体力行，亲自带领“推优小分队”，到全国多个省市和地区，大力推广优选法。本书作者之一胡炳生，作为当年“推优小分队”的一员，在浙江几个地市县，和当地工人、干部一起，运用优选法和统筹法等数学方法，对很多生产环节进行过优选改进，亲眼见到了数学在生产部门和各个环节的指导作用。

正是因为数学“大哉之为用”，所以数学之美，才更加璀璨，更加为人们所赞美。

第五章　数学大美之巧妙

数学之大美，更在于数学本身形式和方法的巧妙。人们常常将“美”与“妙”连用。其实“美”与“妙”既有联系，又有区别。只有“美”到极致，那才叫“妙”，“妙”是“美”的高级阶段。“美”一般是指外表，指人物的形体、事物的形式；而“妙”则多半指事物的内在之美，指精神层次上的思维方法之“巧妙”。其实，在前述解决一些疑难问题中，数学方法运用之巧妙，已经举过许多著名事例。为了强调数学方法的思维之美，运用之巧妙，以下我们再用事实说话，略举古今中外一些令人惊叹的数学之大巧、数学之美妙。

一、从河图洛书到完美幻方

相传，我国远古伏羲时代，黄河有龙马负图出水，是谓“河图”。大禹治水时，洛水又有老龟负书出水，是谓“洛书”。其实“河图”“洛书”（如图 5-1-1、5-1-2 所示）都是由点数排列而成的。

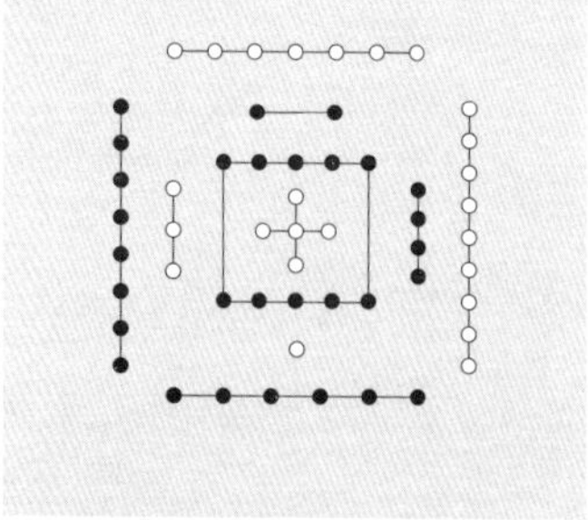

图 5-1-1　河图

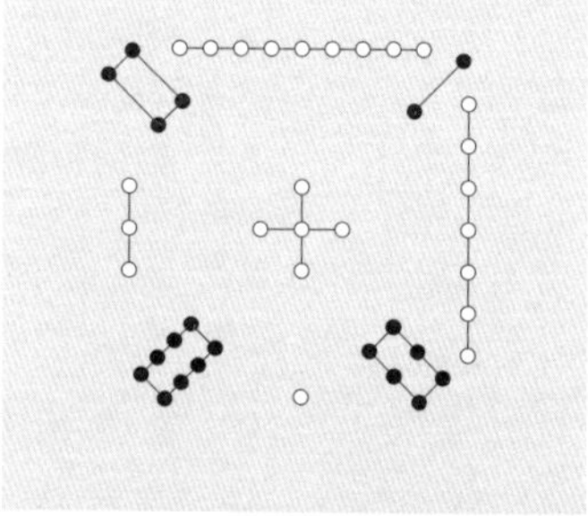

图 5-1-2　洛书

如果以数字代替点数，则变为由 1，2，3，…，9 这九个数字排列而成。其中“洛书”则成为如图 5–1–3 所示的数字图阵。但这不是一个随便做出的数字图，其中数字排列大有讲究：它的每行、每列三个数之和，都是 15。而且两条对角线上三个数字之和，也是 15。这就绝不是自然之物，而是人类精妙的思维结晶。

4	9	2
3	5	7
8	1	6

图 5–1–3

类似这样的数字方阵，中国古代称之为“纵横图”，西方则称之为“幻方”。

上述数字图 5–1–3，中国古代称为九宫，现在称为三阶幻方。13 世纪，中国数学家杨辉将三阶纵横图（幻方），推广到四阶、五阶方阵，以至于其他形式的连环图。如图 5–1–4 所示的“四四图”，每行每列四个数字之和（称为幻和）都等于 34；“五五图”（图 5–1–5）的幻和等于 65。他还研究出幻方的编制方法。

2	16	13	3
11	5	8	10
7	9	12	6
14	4	1	15

图 5–1–4

1	23	16	4	21
15	14	7	18	11
24	17	13	9	2
20	8	19	12	6
5	3	10	22	25

图 5–1–5

（一）完美幻方向宇宙昭示地球人的智慧

幻方，以其巨大的、奇妙的魔力，吸引着许多人的兴趣。世界各国研究者、业余爱好者，经过不懈的努力，不断有所发现，有所创造，并且把幻方应用到生产实验设计、网络设计等方面。

20 世纪后半期，当人类把人造卫星发射上天，开启航天时代以后，便想到宇宙外星人的存在，以及如何与之建立联系的问题。

宇宙空间之大，远非地球人所能想象到的。宇宙除了地球有生命存在以外，很可能还存在其他星球有类似地球人的生命形态，即外星人的存在。这并非异想天开。如果真有这样的天体存在，其上有智慧生物，我们地球人应如何去与他们打招呼和联系呢？——写信？不行。因为彼此语言不通。

——发电报？不行。因为信息的密码不同。有什么好办法呢？

我们或许可以用图画来表达地球人的面貌和情况。但如何反映地球人的聪明才智呢？当时我国数学家华罗庚提出一个绝妙的想法：用点子表示数目，画一个四阶完美幻方，即如图 5–1–6 所示。如果把图中的点子数目，换成数字，它便是如图 5–1–7 所示的四阶数字幻方。

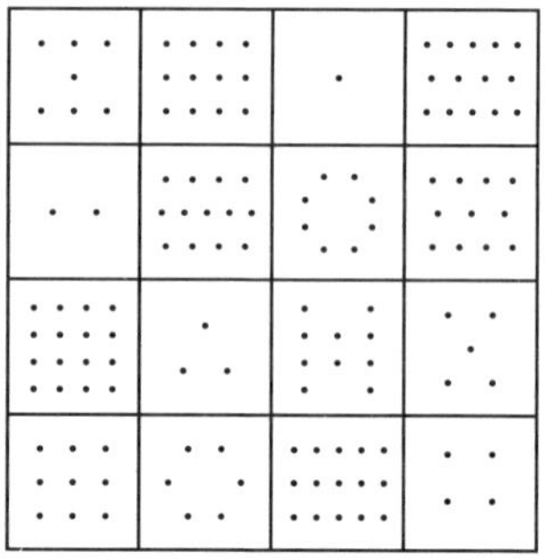

图 5–1–6 智慧的完美幻方

为什么把它叫作“完美幻方”呢？因为它实在太完美了！我们来说说它的奥妙：

1. 它首先是一个幻方，具有幻方的所有性质。它每行、每列和两条主对角线数字之和都等于 34。

7	12	1	14
2	13	8	11
16	3	10	5
9	6	15	4

图 5–1–7

2. 若把两个幻方并起来，如图 5–1–8，除了两条主对角线（用实线表示）外，还有六条斜对角线（左右各三条，用虚线表示），其上的数字之和也是 34。

3. 四个角上的四个数字之和也是 34。

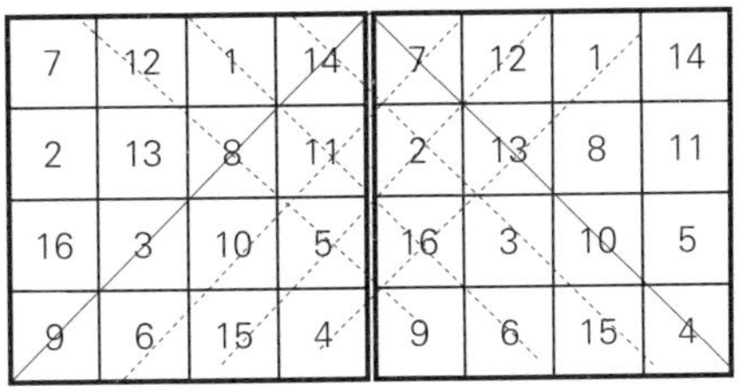

图 5-1-8

4. 对边中间两个数字和也是 34。

5. 中间的四个数字和也是 34。

6. 用中心线把它分为四块，每块的四个数字和也是 34！

真是太完美了！如果要用一个字来形容它的“美”，那就是——妙！实在太妙了。

这真是数学之大美，人类智慧之奇妙！

所以，将此完美幻方带上卫星，发射到外太空，可以向外星人告知地球人智慧的发展高度，以其作为彼此沟通的信使，是很恰当的。

（二）幻方的两种简单构造法

幻方神奇，一般人要想编制一个五阶幻方，若不知道窍门，那确实很难。

经过历代中外幻方爱好者的努力钻研，现在已找到多种幻方的编制方法。在此介绍两种奇数阶（不限于五阶）幻方的编制方法。

1. 顺序斜排法

以五阶幻方为例，来加以说明。

先将五阶方阵，扩充至九阶方阵。

第一步，在中间的内接菱形的格子里（包括边线上的格子），从左边中间一格起，在菱形的格子里，依次写入 1，2，3，…，25，如图 5–1–9。

第二步，将中间菱形格子以外的小格擦去，如图 5–1–10。

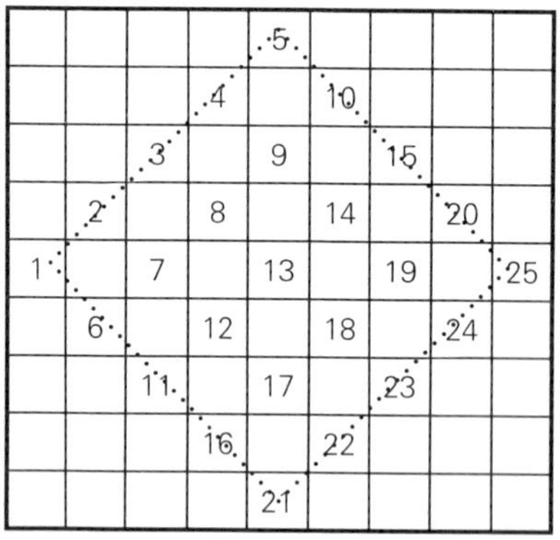

图 5–1–9

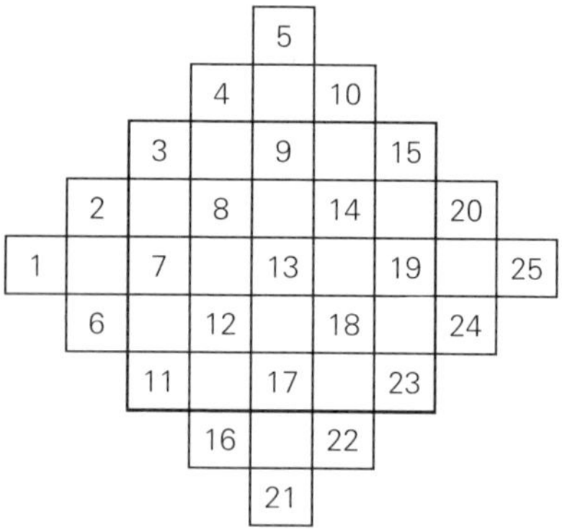

图 5–1–10

第三步，中间五阶正方形数字图阵保持不动，将四边外的“品”字形格子剪下来，如图 5–1–11 的四个小图。

第四步，将这四个小图对换位置（左右对换，上下对换），并将其中的数字，按照相应的顺序，填入到大图的空格中，如图 5–1–12。这样便完成了一个五阶幻方的编制，如图 5–1–13。

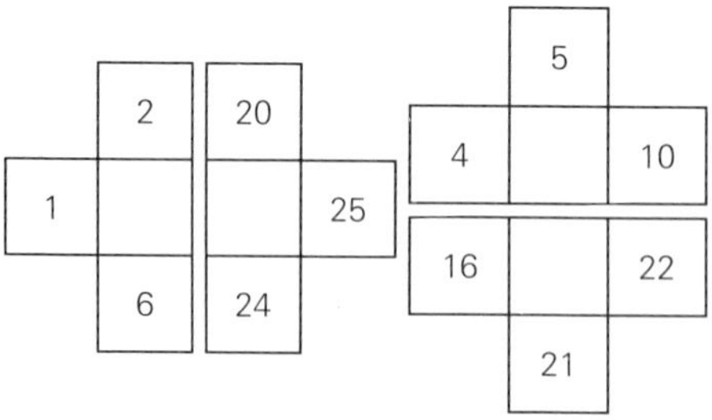

图 5–1–11

图 5-1-12

3	16	9	22	15
20	8	21	14	2
7	25	13	1	19
24	12	5	18	6
11	4	17	10	23

图 5-1-13

大家可以通过计算，验证它确实是一个符合条件的五阶幻方。

2. 双偶数阶对称填数法

对于双偶数（即形如 $n=4m$ 的偶数），有个方便的幻方编制法。现以八（$8=4\times2$）阶幻方为例来说明。

第一步，因为 8 是 4 的倍数，可以用横竖中心线把八阶方阵分为 4 个相等的四阶小方阵。

第二步，在左上的一个四阶小方阵的每行上，任意取两个格子画个小圆圈“○”，共画 8 个。

第三步，将此画过圆圈的小方阵，上下、左右对称地反射到其他三个四阶小方阵上。这样整个八阶方阵上的小圆圈有 32 个，正好占据一半格子，而另一半为空格。

第四步，从左上角第一格开始，依次写数字 1，2，3，……直到 64。但凡是有“○”处，跳过去不写。如图 5-1-14，图上有一半格子填入了数字，一半格子是圆圈。

第五步，从方阵的右下角开始，再依次填写 1，2，3，……直到 64。不过，跳过已经填有数字的格子，仅在“○”处填数字。这样做的结果如图 5–1–15，64 格都填上了数字，且 64 个数字不重复。这样填出的方阵，就是一个八阶幻方。

○	2	○	4	5	○	7	○
9	○	11	○	○	14	○	16
○	18	○	20	21	○	23	○
25	○	27	○	○	30	○	32
33	○	35	○	○	38	○	40
○	42	○	44	45	○	47	○
49	○	51	○	○	54	○	56
○	58	○	60	61	○	63	○

图 5–1–14

64	2	62	4	5	59	7	57
9	55	11	53	52	14	50	16
48	18	46	20	21	43	23	41
25	39	27	37	36	30	34	32
33	31	35	29	28	38	26	40
24	42	22	44	45	19	47	17
49	15	51	13	12	54	10	56
8	58	6	60	61	3	63	1

图 5–1–15

如果在开始时，换一种方式填入小圆圈，其他步骤照做，那么，我们会得到一个新的八阶幻方。可见，同一阶幻方不止一种，而是有很多种。至于究竟有多少种，这又是另一个复杂的数学问题。

幻方诞生在中国，后来才传入西方。但是现在世界各地，都有不少幻方的研究者和爱好者。有世界性的幻方组织、幻方协会、幻方刊物。中国也有很多幻方研究者和爱好者，成立了“中国幻方协会”，并出版杂志《中国幻方》。我国还有研究者创造过不少新的幻方。如安徽芜湖市的杨弋，在他年仅六岁时，就因巧解“八阶双重幻方”的最小和，而获得了中央四部委授予的“21世纪之星”称号（百名之一）。他还创制出了十阶完美幻方（图5-1-16）。

76	42	98	69	5	86	32	93	64	15
68	4	80	41	97	63	14	90	31	92
45	96	67	3	79	35	91	62	13	89
2	78	44	100	66	12	88	34	95	61
99	70	1	77	43	94	65	11	87	33
28	82	21	55	104	38	72	16	50	114
51	105	29	83	22	46	115	39	73	17
84	23	52	101	30	74	18	47	111	40
102	26	85	24	53	112	36	75	19	48
25	54	103	27	81	20	49	113	37	71

图5-1-16　杨弋编创（非典型）十阶完美幻方

面对如此精彩绝伦的完美幻方，我们能作何评价呢？只能用一个字——“妙”！

二、从拣石子游戏探究怪题奇解

（一）问题的缘起

刊载于1978年8月19日《参考消息》上的IMO-20试题印刷上的错误，使得其中第三题十分难解。全国各地掀起了一股研讨该题的热潮，从中学数学教师到大学数学教授，都从不同思路，用不同方法给出自己的解答，印出过多种解答材料。其中张国铮先生的正确解答发表最早。早在《中学数学教学》创刊之前，安徽师范大学数学系和函授部合编的《数学函授教学》就发表了张国铮先生给出的解答。后来，又是张老最先将龚升教授从美国寄来的IMO-20英文试题和解答翻译成汉语，在《数学函授教学》1979年第二期上发表，成为国内关于IMO-20试题解答的最早正确文献。

刊登在1978年8月19日《参考消息》上的IMO-20试题第三题：

设f，g：$Z^+\to Z^+$严格递增函数，且$f(Z^+)\cup g(Z^+)=Z^+$，$f(Z^+)\cap g(Z^+)=\varnothing$，$g(n)=f(f(n))+1$，求$f(2\omega)$。这里$Z^+$是正整数集合，$\varnothing$是空集。（8分，英国）

其中最后结论“求$f(2\omega)$”是“求$f(240)$”的误写。但是这个错误，使一个函数求值的计算题，变成了求函数$f(n)$一般函数表达式的问题。其难度大大提高，对于一般中学数学教师，乃至于大学数学教授而言，都是个大难题。因为这两个函数的表达式十分古怪：

$$f(n)=\left[n+\frac{1+\sqrt{5}}{2}\right],\ g(n)=\left[n+\frac{3+\sqrt{5}}{2}\right]$$

求其表达式，已超过中学生和大学生的数学水平。要求出这样的函数表达式，相当困难。安徽师范大学数学系当时的副主任张国铮先生，从数学家闵嗣鹤发表在《中国数学杂志》(《数学通报》前身）1951年第二期的《由拣石子得到的定理》一文中，得到启发，找到了它的第一个解答，并发表在1979年初出刊的安徽师范大学主编的《数学函授教学》上。

（二）二人玩的“拣石子”游戏

随意放两堆石子，甲乙二人轮流从中拣取，游戏规则如下：

1. 二人轮流取，轮到谁取，必须取，不可以不取。

2. 可以只从一堆中取，也可以同时从两堆中取。若只从一堆中取，随便取多少个（至少一个）；若同时从两堆中取，也随便取多少个，但两堆要取一样多。

3. 最后完全取光者为胜。

此游戏若有人知道诀窍，则先取者必胜。该诀窍是给对方留下“先输组”：（1，2）（3，5）（4，7）（6，10）（8，13）（9，15）（11，18）……（$f(n)$，$g(n)$）……

前 20 个“先输组”如表 5-2-1 所列：

表5-2-1

序号	1，2，3，4，5	6，7，8，9，10	11，12，13，14，15	16，17，18，19，20
$f(n)$	1，3，4，6，8	9，11，12，14，16	17，19，21，22，24	25，27，29，30，32
$g(n)$	2，5，7，10，13	15，18，20，23，26	28，31，34，36，39	41，44，47，49，52

譬如，甲给乙留下了（1，2），按规则，乙无法一次拿光。乙取后，留给甲的有四种可能：（0，2）（1，1）（1，0）（0，1）。于是，按规则，甲都可以一次拿光而得胜。

又如，甲给乙留下（3，5），那么乙取后留给甲的，有 11 种可能：（0，5）（1，5）（2，5）（3，4）（3，3）（3，2）（3，1）（3，0）

（2，4）（1，3）（0，2）。

于是，甲相应地应该给乙留下（0，0）（1，2）（2，1）（1，2）（0，0）（2，1）（2，1）（0，0）（2，1）（1，2）（0，0）。就是说，或者甲直接获胜，或者留给乙“先输组”（2，1）或（1，2），最后还是甲获胜。

若两人都知道诀窍，那么，只要一开始两堆石子数目不是“先输组”，那么谁先取谁获胜。

假定开始时两堆石子数是（a，b），又若 $a<b$（$a=b$ 则可以一次拿光得胜），且（a，b）不是先输组。

（1）若 a 等于某个 $f(n)$，$b>g(n)$，或等于某个 $g(n)$，那么都可以通过减少 b 或 a，而给对方留下“先输组”（$f(n)$，$g(n)$）。

（2）若 a 等于某个 $f(n)$，而 $b<$某个 $g(n)$，设 $b-a=n'<n$，

则 $n'=b-a<n=g(n)-f(n)$（这是函数 $f(n)$、$g(n)$ 的性质）。

因为 $g(n')-f(n')=n'=b-a$，所以 $a<a-f(n')=b-g(n')$，这个共同的差数，记为 k（正整数）。这时，只要两边同取 k 个石子，留下的就是“先输组”：（$f(n')$，$g(n')$）。

（3）函数 $f(n)$，$g(n)$ 性质（证明略）。

令 $f(n)$ 的值域 $F=\{f(n)\}$，$g(n)$ 的值域 $G=\{g(n)\}$，则有：

1. $f(n)$ 与 $g(n)$ 皆严格递增；

2. $F\cup G=Z^+$，$F\cap G=\varnothing$；

3. $g(n)=f(n)+n$；

4. $g(n)=f(f(n))+1$。

因为 $F \cup G = \mathrm{Z}^+$，$F \cap G = \varnothing$，即函数 $f(n)$、$g(n)$ 的值域之和，恰好完全覆盖了整个正整数集。故若（a，b）不是“先输组”，（1）（2）包括了所有情况。

这个游戏中的两个函数 $f(n)$，$g(n)$ 恰好就是IMO-20届第三题中的那个形式古怪的函数。

所以按照《参考消息》上错误印刷的问题，其答案就是

$$f(2\omega)=\left[2\omega+\frac{1+\sqrt{5}}{2}\right]。$$

其实题目的原意只是求函数 $f(n)$ 的一个值 $f(240)$。用函数 $f(n)$ 的一般表达式，反而不好计算。需要用该函数的性质 $g(n)=f(n)+n$ 才方便计算。

1978年8月19日的《参考消息》之所以发生这样不该发生的错误，据说是因为当年IMO-20届数学竞赛在罗马尼亚首都布加勒斯特举行，当时正好有一个科技方面的中国代表团在该市访问。团员中有个数学爱好者，对此颇感兴趣，便在匆忙中将试题抄写下来，由于抄写的字迹潦草，把其中的结论“求 $f(240)$”中的240写成 2ω。而《参考消息》的编辑也没有认真核对，就很快见报了。无意中引发了一场不大不小的数学界“风波”。

本书作者之一胡炳生，当时也是研究此题解答的当事人。他求出了函数 $f(n)$ 的一种递推表达式：

$$f(n)=\begin{cases} f(n)+1, & n\in G \\ f(n)+2, & n\notin G \end{cases}$$

根据上述递推公式，从 $f(1)=1$ 开始，便可以依次写出函数

$f(n)$的值，然后，在其空格处依次填上函数$g(n)$的值，就可以得出所有函数值。

鉴于求函数表达式的难度太大，作者（胡炳生）曾经大胆猜测：题目印刷可能有错，题目的要求也许不是求函数$f(n)$的一般表达式，而是求它的一个值，例如求$f(200)$。认为2ω可能是200的误写。虽然没猜准具体函数求值，但是对题目要求结论的方向，倒是猜对了。

由于1978年8月19日的《参考消息》对IMO-20试题的印刷错误，带给了中国数学界关于国际数学竞赛的热情，并由此而兴起，历久不衰。这样看起来，这个错误在无意中，也未必不是做了一件有意义的好事情。

三、从兔子繁殖引出的优选数列

关于上一篇中所述的“先输组”序列，以及用无理式表达正整数的函数式，还有其更有趣的历史源头，以及更广泛的与现实应用的联系。

（一）历史源头

欧洲中世纪，史称“黑暗的中世纪”，宗教统治压制和扼杀了科学思想。整个中世纪，欧洲的数学几乎没有什么进步，远远落后于东方的中国和阿拉伯等地区。只有一个人值得提及，那就是意大利的斐波那契（1175—1250），在黑暗的中世纪，他像一盏明灯，

图 5-3-1　斐波那契

给欧洲数学带来了一缕微光。他的最大贡献是，在青年时期游历北非和阿拉伯半岛之后，把先进的阿拉伯数学，特别是关于“印度 - 阿拉伯数码”及其计算方法，带回了欧洲，并写出了数学著作《计算之书》（1202 年），成为欧洲人此后学习数学通用的“百科全书”，被广泛使用了 200 年之久。

就在他这本书中，还载有一个影响广泛而又饶有趣味的数学问题——兔子繁殖问题。问题所述如下：

如果每一对大兔，每月可以生一对小兔；而每对小兔两个月后即成为大兔。那么由养一对小兔开始，一年后可以生出多少对兔子？

问题的解决并不困难。可列表 5-3-1 计算如下：

表5-3-1

月份	1	2	3	4	5	6	7	…	12
兔子对数	1	1	2	3	5	8	13	…	144

从中可以发现一条规律：表的下列，即兔子对数，从第三项开始，每个数都是前面两个数字之和。若设数列的通项为 F_n，则数列 $\{F_n\}$ 有以下性质：

（1）$F_1=F_2=1$；

（2）$F_{n+1}=F_{n-1}+F_n$，$n \geqslant 3$；

而且特别奇怪的是，该数列的通项公式，竟然可以用无理式来表示：

（3）$F_n=\frac{1}{\sqrt{5}}\left(\frac{1+\sqrt{5}}{2}\right)^n-\frac{1}{\sqrt{5}}\left(\frac{1-\sqrt{5}}{2}\right)^n$，$n=1$，2，3，…

正因为这个数列有很不平凡的特点，引起人们广泛而长久的兴趣。人们把该数列用发现者本人的名字来命名，称为“斐波那契数列”（或简称 F– 数列），并不断发现它的许多奇妙性质，以及在优选法等多个方面的重要应用价值。

（二）奇妙性质

F– 数列的性质有许多，并不断有新的发现。1963 年起，美国创办了一份数学趣味杂志《斐波那契数列季刊》，专门发表关于“F–数列”的论文和故事。以下列举几个常用性质：

（1）$F_n^{\,2}-F_{n+1}F_{n-1}=(-1)^{n-1}$。

（2）$F_1+F_2+F_3+\cdots+F_n=F_{n+2}-1$。

（3）$\lim\limits_{n\to\infty}\frac{F_n}{F_{n-1}}\to 0.6180339887\cdots=\omega$。

即 F– 数列后项与前项之比的分数序列有极限，其极限值就是黄金数 ω：

$$\frac{1}{2},\ \frac{2}{3},\ \frac{3}{5},\ \frac{5}{8},\ \frac{8}{13},\ \frac{13}{21},\ \frac{21}{34},\ \frac{34}{55},\ \frac{55}{89},\ \cdots,\ \omega$$

因为由 $F_{n+1}=F_{n-1}+F_n$，两边同被 F_n 除，得

$$\frac{F_{n+1}}{F_n}=\frac{F_{n-1}}{F_n}+1=\frac{1}{\frac{F_n}{F_{n+1}}}\text{。}$$

设数列 $\frac{F_{n+1}}{F_n}$ 的极限为 y，在上式中两边取极限，便得

$$y^2+y-1=0 \text{ 或} \frac{1}{y}=y+1 \Rightarrow y^2+y=1。$$

二次方程求解得 $y=\frac{-1\pm\sqrt{5}}{2}$，取正值，得 $y=\frac{\sqrt{5}-1}{2}=\omega$，此即黄金数。

（4）$\frac{F_{n+1}}{F_n}\rightarrow f=1.6180339887\cdots=1+\omega$。

（5）已如前述，ω 还可以表示为连分数：

$$\omega=\cfrac{1}{1+\cfrac{1}{1+\cfrac{1}{1+\cfrac{1}{1+\dots}}}}$$

（三）两个相关的特殊函数

已如前述，特殊函数 $f(n)=[na]$，$g(n)=[nb]$，其中 $a=\frac{1+\sqrt{5}}{2}$，$b=\frac{3+\sqrt{5}}{2}$，曾经出现在第 20 届国际数学奥林匹克竞赛题之中，而且引起过不小的轰动。因为这两个函数形式十分古怪，又有奇怪的性质。

性质 1，两个函数都是递增数列；两个函数的值域 $F=f(Z^+)$、$G=g(Z^+)$ 不重不漏，完全覆盖了整个正整数集合，即

$$f(Z^+)\cup g(Z^+)=Z^+;\ F(Z^+)\cap G(Z^+)=\varnothing。$$

性质 2，函数 $f(n)$ 有递归表达式：

$$f(n+1)=\begin{cases} f(n)+1, & n\in G \\ f(n)+2, & n\in F \end{cases} \qquad (1)$$

关于它的证明，上节已经说过，这里从略。根据（1）式，可以从 $f(1)=1$ 开始造出 $f(n)$ 的函数表，并由此得到 $g(n)$ 的函数值。

性质 3，$g(n)=f(n)+n$　　（2）

由此得以下推论：

$$1\leqslant f(n+1)-f(n)\leqslant 2$$

$$2\leqslant g(n+1)-g(n)\leqslant 3$$

$$f(f(n))=f(n)+g(n)$$

可以较快地求得 $f(240)=388$。

性质 4，$g(n)=f(n)+1$　　（3）

性质 5，$f(g(n))=g(n)+f(n)$　　（4）

即：函数 $g(n)$ 在 $|1, f(g(n))|$ 上的取值个数与在片段 $|1, g(f(n))|$ 上的取值个数一样多，即 $f(n)$ 个。

由此可见，数学中有些初看起来不相关的概念、问题或函数可能有着内在的联系。善于发现这些内在的联系，可以激发我们的数学智慧。

（四）优选序列

“斐波那契数列”又叫作优选序列。这是什么原因呢？我们在“（二）奇妙性质”（3）中说道：“F- 数列”前后项比的分数序列的极限为黄金数 $\omega\approx 0.618$ 时就体现了这一点。

优选法，即所谓“0.618”法，就是说在优选区间中第一个实验点，应选在区间的 0.618 处，这样可以用最少的试验次数，获得较优的试验效果。但是要计算出一个具体的试验区间的 0.618 点，比较复杂。

所以在优选法的实际应用中，不是计算 0.618 点，而是用 ω 的近似分数序列：$\frac{1}{2}$，$\frac{2}{3}$，$\frac{3}{5}$，$\frac{5}{8}$，$\frac{8}{13}$，$\frac{13}{21}$，$\frac{21}{34}$，$\frac{34}{55}$，$\frac{55}{89}$，…中的某个分数来代替 0.618。例如将实验区间分成 13 等份，第一、二个实验点即选在第 5、第 8 两点。5 和 8 正是（不大于 21 的）两个 F- 数列数字。而且这两个点关于区间的中点是对称的。此即华罗庚先生所说的“对称折纸”的理论根据。

1	2	3	4	5	6	↓	7	8	9	10	11	12	13
						中							

如果实验的区间较大，可以将区间等分成 34 份，第一、二个实验点选在 13 和 21（关于区间的中点也对称）点上。若 21 点比 13 点效果好，便舍弃区间 [21，34]，在剩下的区间 [1，21] 上再对称选点 8，13（也是对称选点）来作实验。如此等等。直到最后选出最优点为止。

将区间等分，对折区间（纸条），对称取点，这比计算 0.618 简单得多。

所以将斐波那契数列，称为“优选序列”是适合的。这也是“斐波那契数列”在实际应用中的重要价值。

斐波那契数列的“优选”性，还可以在自然界中体现。例如，花瓣的数目，往往符合“斐波那契数列”中的数字，如三瓣、五瓣、八瓣等等；葵花花盘的螺旋状条纹路排列数，也是服从“斐波那契数列”的数字；树枝分叉数目，往往也是按照优选序列数目生长出来的。

四、追求 π 精确史上的数学巧思

（一）人类对于圆周率π精确近似值的不断追求

在前面，我们已经对圆周率 π 近似值的研究历程，做过叙述。大致分为三个时期：几何方法（割圆术）时期、分析时期以及机器计算时期。目前用计算机求得 π 的近似值已经超过 10 万亿位，远远超过实际运用的需要。但是，无论是在初期人们手工计算，还是运用分析公式计算，都经历了十分艰难的过程。例如最后一位手工计算纪录创造者——数学家鲁道夫（1540—1610），用割圆术几何方法，计算出圆周率小数点后 35 位准确值，创造了用几何方法计算的最高纪录，为此，几乎用尽了他一生的精力。而人类在追求 π 精确近似值上花费了几千年的漫长时间。

分析时期，从法国数学家韦达（1540—1603）开始。他发现 π 的无穷数列或无穷分析表达式，开始用分析方法，来求得 π 近似值，到 1947 年美国人伦奇用分析方法，手工计算出 π 的 808 位小数近似值，创造人类用纯手工计算的最高纪录。就是说从 π 的 35 位小数提高到 808 位，用了将近 300 年。而自从 1946 年人类发明电子计算机以后，利用计算机编程，上机运算，得到的 π 值的小数位飞速上升。1949 年第一次用电子计算机计算，就得到 π 的 2037 位小数近似值，以后更是直线上升：

1961 年：100265 位；

1967 年：500000 位；

1983 年：8388608 位；

1989 年：超过 10 亿位；

1995 年：达到 64 亿位……

可见，数学发展之快，其中计算技术和计算方法的更新换代，显示出巨大威力。

然而在数学史上，对于 π 近似值的探究中，也有一些奇葩的故事。其中所蕴含的数学思想方法，特别是一些奇思妙想，有着精彩的思维之美，值得我们欣赏和借鉴。

（二）阿基米德首创割圆术

公元前 3 世纪，古希腊数学家阿基米德（前 287—前 212）首创割圆术，用圆的内接正多边形和外切正多边形，不断倍增其边数，用其周长来不断逼近圆的周长。阿基米德用圆的内接正 n 边形周长 C_n、外切正 n 边形周长 P_n，从内外两方面来逼近圆周。并且用几何方法，证明了关于 C_n 和 P_n 的递推公式：

$$C_{2n}=\sqrt{C_nP_{2n}}；\ P_{2n}=\frac{2C_nP_n}{C_n+P_n}$$

即圆内接正 $2n$ 边形周长 C_{2n} 是内接正 n 边形周长 C_n 与外切正 $2n$ 边形周长 P_{2n} 的几何平均值；而圆外切正 $2n$ 边形周长 P_{2n}，是内接正 n 边形周长 C_n 与外切正 n 边形周长 P_n 的调和平均值。

若将圆外切正多边形与内接正多边形周长，从六边形开始，排列成一列：

$$P_6，C_6，P_{12}，C_{12}，\cdots，P_n，C_n，P_{2n}，C_{2n}，\cdots\ (1)$$

若设圆的半径 $R=1$，那么，$C_6=6$，$P_6=2\sqrt{3}$。于是，从数列的第三项起，利用这两个公式，就可以依次计算 P_{12}，C_{12}，P_{24}，C_{24} 等值。多么简单！

公式的证明，只需要以多边形的一边来进行考虑即可。简证如下：

如图 5-4-1，设 $AB=a_n$ 为圆 O 内接正 n 边形边长，$AF=BF=\frac{b_n}{2}$ 为圆 O 外切正 n 边形边长之半，$AC=BC=a_{2n}$ 为圆 O 内接正 $2n$ 边形边长，$DE=b_{2n}$ 为圆 O 外切正 $2n$ 边形边长，而 C 为 DE 的中点。则由$\triangle ADC\backsim\triangle ACB$，$\triangle AFB\backsim\triangle DFE$，从而有 $\frac{AD}{AC}=\frac{AC}{AB}\Rightarrow AC^2=AB\cdot AD$，即 $a_{2n}^2=a_n\frac{b_{2n}}{2}$。（2）

及 $\frac{AF}{AB}=\frac{DF}{DE}=\frac{AF-AD}{DE}$，即 $\frac{\frac{b_n}{2}}{a_n}=\frac{\frac{b_n}{2}-\frac{b_{2n}}{2}}{b_{2n}}=\frac{b_n}{2b_{2n}}-\frac{1}{2}$。（3）

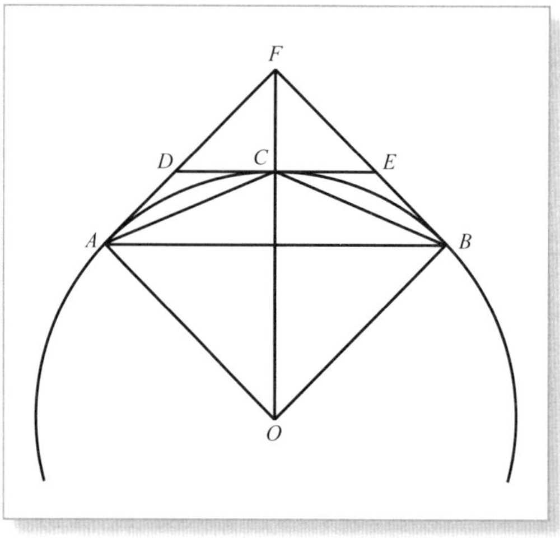

图 5-4-1

将（2）式两边同乘以 $(2n)^2$，有 $(2n)^2 a_{2n}^2 = (2n)^2 \cdot \frac{a_n b_{2n}}{2}$。此即 $C_{2n}^2 = C_n P_{2n}$ 或 $C_{2n} = \sqrt{C_n P_{2n}}$；亦即 C_{2n} 是 C_n，P_{2n} 的几何平均值。

将（3）式两边同乘以 $\frac{2n}{n}$，有 $\frac{nb_n}{na_n} = \frac{2nb_n}{2nb_{2n}} - 1$，或 $\frac{P_n}{C_n} = \frac{2P_n}{P_{2n}} - 1$。两边除以 P_n，得 $\frac{1}{C_n} = \frac{2}{P_{2n}} - \frac{1}{P_n}$ 或 $\frac{1}{P_{2n}} = \frac{1}{2}\left(\frac{1}{C_n} + \frac{1}{P_n}\right)$，亦即 P_{2n} 是 C_n，P_n 的调和平均值。

他发现的这两个递推公式是很高明的。这样就能从正 6 边形开始，利用这两个递推公式，倍增圆内接和外切正多边形的边数，依次计算得圆内接、外切正 12、24、48、96 边形周长序列（1），从而得到 $3\frac{10}{71} < \frac{C_{96}}{D} < \pi < \frac{P_{96}}{D} < 3\frac{1}{7}$，其中 D 是圆的直径。由此求得圆周率 π 的近似值，以及其上界和下界。如果取 π 精确到 0.01 的近似值，那就是 $\pi \approx 3.14$。

（三）刘徽对割圆术的改进

刘徽是中国魏晋时期（公元 3 世纪）的数学家。他呕心沥血为《九章算术》作注，为中国古代数学作出了许多杰出贡献，其中就包括他所独立创造的“割圆术”和“徽率”。

《九章算术》第一章“方田”三十一、三十二题是圆的面积计算题，用的公式为“半周 × 半径＝圆面积”；在具体计算时，以 $\pi=3$ 入算，即圆面积＝3× 半径 × 半径。　（1）

结果误差较大。对此，刘徽作了长篇注文，以求改进。

他首先指出，以 $\pi=3$ 按公式（1）算出的结果，不是圆的面积，而是圆内接 12 边形的面积。为什么呢？请看图 5–4–2：设圆半径为 r，$ABCDEF$ 为圆的内接 6 边形，其一边之长 $AB=r$。

现将圆内接正 6 边形“割”成正 12 边形。其中四边形 $OAPB$ 是筝形，它的两条对角线 AB 和 OP 互相垂直且都等于半径 r，它的面积等于$\frac{1}{2}\times AB\times OP=\frac{1}{2}\times r\times r$。

而圆内接 12 边形恰好由 6 个这样的筝形组成，所以，它的面积是 $S_{12}=3r^2$。因此，用公式（1）来计算圆的面积，显然是不妥当的。若以 $\pi=3$ 作圆周率来计算圆面积，会造成较大误差。

其次，他进一步将圆内接正 12 边形“割”成正 24 边形、正 48 边形、正 96 边形，并用这些圆内接正多边形的面积来近似表达圆的面积。

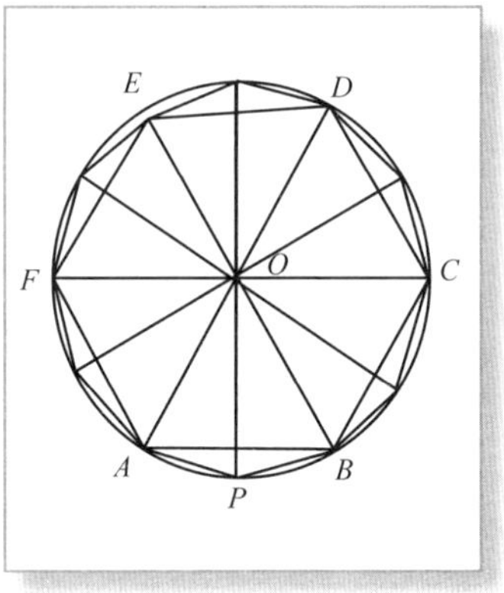

图 5–4–2

为了求出这些多边形的面积，他设圆的半径为 1 尺，用勾股定理算出它们一边之长 a_{12}，a_{24}，a_{48}，a_{96}。仿照上面的办法，用筝形面积公式算出圆内接正 96 边形和内接正 192 边形的面积：

$$S_{96}=48\times r\times a_{48}=313\frac{584}{625}\text{（方寸）}$$

$$S_{196}=96\times r\times a_{96}=314\frac{64}{625}\text{（方寸）}$$

最后，推导不等式（现称“刘徽不等式”）：

$$S_{192}<S_{圆}<S_{192}+(S_{192}-S_{96})$$

在图 5-4-3 中，设 AB 为圆内接正 96 边形的一边，$AC=BC$ 为圆内接正 192 边形的相邻的两边，EF 为过 C 点的切线，$ABFE$ 为矩形，$OC=OA=OB$ 为半径。显而易见，扇形 $O\text{-}ACB$ 的面积 $S_{扇}$ 界于筝形 $OACB$ 面积 $S_{筝}$ 与五边形 $OAEFB$ 的面积 S_{OAEFB} 之间：

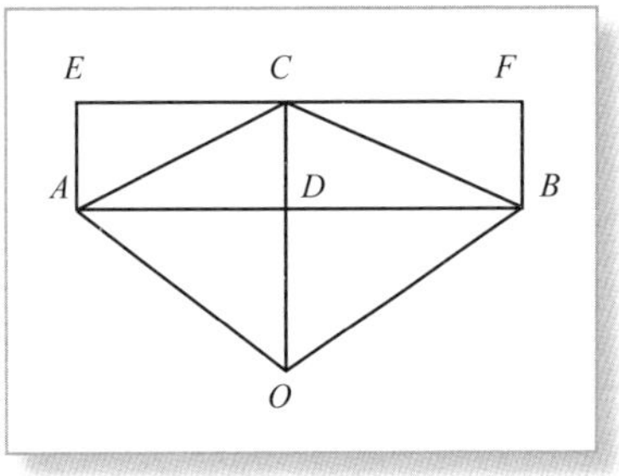

图 5-4-3

$$S_{筝}<S_{扇}<S_{OAEFB} \qquad (2)$$

而 $S_{OAEFB}-S_{筝}=S_{\triangle ACE}+S_{\triangle BCF}=S_{\triangle ACD}+S_{\triangle BCD}$

$=S_{\triangle ABC}=S_{筝}-S_{\triangle OAB}$

故 $S_{OAEFB}=S_{筝}+(S_{筝}-S_{\triangle OAB}) \qquad (3)$

将（3）式代入（2）式右边，得 $S_{筝}<S_{扇}<S_{筝}+(S_{筝}-S_{\triangle OAB})$（4）

将（4）式两边同乘 96，得 $S_{192}<S_{圆}<S_{192}+(S_{192}-S_{96}) \qquad (5)$

一般地，对于正整数 n 而言，我们有刘徽不等式 $S_{2n}<S_{圆}<S_{2n}+(S_{2n}-S_n)$。将 S_{96}、S_{192} 的数值代入（5）式，得

$$314\frac{64}{625}<S_{圆}<314\frac{169}{625}\text{（方寸）}$$

“弃其余分”之后，求得近似值 $S_{圆}\approx 314$（方寸）。因为圆的半径为 1 尺，所以间接地求得圆周率 $\pi\approx 3.14$。

前面说，刘徽独立地创用割圆术，但在世界科学史上，“割圆术”不是刘徽的首创，而是古希腊数学家阿基米德的首创。这并不妨碍尊重刘徽的独立创造之功，而且不等式（2），确是刘徽的个人创造，现在我们仍然把它叫做“刘徽不等式”。利用这一不等式，只需要计算圆的内接正多边形面积，不用再计算圆的外切正多边形面积，就可以同时得到圆周率的上界和下界。这也是刘徽工作的优点。

（四）从3.14到3.1416

阿基米德和刘徽，都是用割圆术算得 $\pi \approx 3.14$，只有两位小数近似值。

这在精密计算中，略显粗糙。如何能在割圆术的基础上，进一步提高 π 值的近似小数数位呢？中国古代数学家祖冲之（429—500）做出了重大贡献。他先将 3.14 提高到 3.1416，以后又进一步创用新法，得到 π 的七位小数近似值，并将这一纪录保持一千年以上。这节先讲他是如何得到 π 的四位小数近似值 3.1416 的。

π 的两位小数近似值 3.14，在我国常被称为“徽率”。而四位小数近似值 3.1416，因为远比 3.14 精确，因此也被称为“优率”。

“优率”出自《九章算术》注中，但这段文字是刘徽所注，还是祖冲之所注，至今未有定论。若为刘徽所注，则在公元 263 年之前；若为祖冲之所注，则在公元 462 年以前。不论何者（依据作者考证，这段文字系祖冲之所注），在世界上都是最早的。国外，它最早出现在印度数学家阿耶波多（476—550）的《阿耶波多历算书》（499 年）中，比中国的文献要晚。

从 3.14 到 3.1416，不仅是精确度有很大的提高，而且在推导的方法上也有本质上的改进。从《九章算术》关于推导“优率”的注文来看，优率的导出，用了“外推归纳法”。方法如下：

刘徽在求得徽率的计算时，设圆的半径 $R=1$（尺），圆内接正

6、12、24、48、96、192 边形的面积已经求得，分别为

$S_6=2.598076$，$S_{12}=3$，

$S_{24}=3.1058286$，$S_{48}=3.1326286$，

$S_{96}=3.13\dfrac{584}{62500}$，$S_{192}=3.14\dfrac{64}{62500}$。　　（1）

为了估计 S_n 随着 n 增大的变化趋势，作上述数列前后两项之差，得到以下“差幂”序列：

$\triangle_6=S_{12}-S_6=0.401924$，$\triangle_{12}=S_{24}-S_{12}=0.1058286$，

$\triangle_{24}=S_{48}-S_{24}=0.0268$，$\triangle_{48}=S_{96}-S_{48}=0.006716$，

$\triangle_{96}=S_{192}-S_{96}=\dfrac{105}{62500}=0.00168$。　　（2）

作此序列后项与前项之比，得差幂的增长率序列：

$\sigma_{12}=\dfrac{\triangle_{12}}{\triangle_6}=0.2633$，$\sigma_{24}=\dfrac{\triangle_{24}}{\triangle_{12}}=0.25324$，

$\sigma_{48}=\dfrac{\triangle_{48}}{\triangle_{24}}=0.250597$，$\sigma_{96}=\dfrac{\triangle_{96}}{\triangle_{48}}=0.2501489$。　　（3）

与前两个序列相比较，序列（3）有按比例变化的趋势（可以称为“拟等比数列”）。如果以正 12 边形 S_{12} 为准（即“以十二觚之幂为率消息”），它与前后项“差幂”之比 $\sigma_{12}\approx 0.26$ 作为此“拟等比数列”公比的话，那么就能“外推”得：

$S_{384}-S_{192}=0.26\times(S_{192}-S_{96})=0.26\times\dfrac{105}{62500}$，

$S_{768}-S_{384}=0.26\times(S_{384}-S_{192})=0.26\times\dfrac{27}{62500}$，

$S_{1536}-S_{768}=0.26\times(S_{768}-S_{384})=0.26\times\dfrac{7}{62500}$。

三式相加，得 $S_{1536}-S_{192}=0.26\times\dfrac{105+27+7}{62500}\approx\dfrac{36}{62500}$。

于是得到

$$S_{圆} \approx S_{1536} = S_{192} + \frac{36}{62500} = 3.14\frac{64}{62500} + \frac{36}{62500} = 3.1416（尺^2）。$$

考虑到圆的半径为1（尺），所以得到的圆面积值，就是圆周率近似值 $\pi \approx 3.1416$。这便是“优率”的由来。

从以上推导过程来看，仅根据刘徽已有的数据，无须继续割圆，就得到如此高精确度的“优率”，实在巧妙得很！在方法论上，是一个了不起的创造。

（五）祖冲之发现“盈朒”二数的巧思

我国古代伟大的数学家祖冲之（429—500），以其关于圆周率研究的杰出成就享誉世界。他求得“盈、朒”二数：

$$3.1415926 < \pi < 3.1415927$$

领先世界超过千年。可惜由于祖冲之的著作《缀术》早已失传，他究竟是怎样推出这“盈、朒”二数和“祖率”的，却成了千古之谜。作者曾经根据《隋书·律历志》等史料，比较了刘徽和祖冲之关于圆周率研究的异同，提出了对祖冲之关于“盈、朒”二数算法的合情推理，以探求祖冲之伟大创造的思路和方法。其思想方法大致如下：

1. 刘徽设圆的半径为1单位（尺），从计算圆的内接正多边形面积出发，通过求圆面积，间接地求得圆周率近似值——徽率 $\pi \approx 3.14$。祖冲之则设圆的直径为1（丈），计算圆内接正多边形的周长，直接得到圆周长的近似值，从而求得圆周率近似值。为了使计算简化，他导出了圆内接正多边形周长的递推公式：

$L_{2n}^2=2n(n^2-\sqrt{n^2-L_n^2})$　　（1）

证明如下：如图 5-4-4，设圆直径 $AP=d=1$（丈），$AB=a_n$，$AC=a_{2n}$，$CE=c_n$，于是

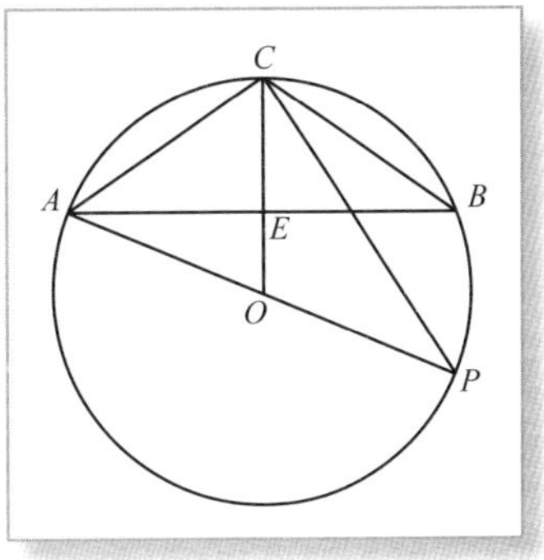

图 5-4-4

$$c_n=CE=OC-OE$$
$$=R-\sqrt{R^2-(a_n/2)^2}$$
$$=\frac{1}{2}(d-\sqrt{d^2-a_n^2})$$

由 Rt$\triangle CAE\backsim$ Rt$\triangle APC$，得 $CE:AC=AC:PA$，即 $c_n:a_{2n}=a_{2n}:d$，从而 ${a_{2n}}^2=c_nd=\frac{d}{2}(d-\sqrt{d^2-a_n^2})$。

将 $d=1$（丈）代入，再乘 $2n^2$，便得公式（1）。

2. 计算圆内接正多边形周长序列 $\{L_n\}$ 前几项，求其差序列和比序列，并以此来探究 L_n 的增长趋势。

从 $L_6=3$ 开始，利用公式（1），依次算出 L_{12}、L_{24} 等。每次开方取 8 位小数，并对第 8 位小数“四舍五入”，得

$L_{12}=3.1058285(4)$，$L_{24}=3.1326286(0)$，$L_{48}=3.1393502(0)$，

$L_{96}=3.1410319(2)$，$L_{192}=3.1414524(4)$。　　（2）

其中圆括号（ ）内的第 8 位小数已按四舍五入处理过了；以下同此。

做序列（2）前后两项的差序列：

$\triangle_{12}=L_{12}-L_6=0.1058285$，$\triangle_{24}=L_{24}-L_{12}=0.0268001$，

$\triangle_{48}=L_{48}-L_{24}=0.0067216$，$\triangle_{96}=L_{96}-L_{48}=0.0016817(0)$，

$\triangle_{192}=L_{192}-L_{96}=0.0004205(2)$。　　（3）

再做序列（3）后项与前项之比序列：

$\lambda_{24}=\dfrac{\triangle_{24}}{\triangle_{12}}=0.2532408$，$\lambda_{48}=\dfrac{\triangle_{48}}{\triangle_{24}}=0.250850$，

$\lambda_{96}=\dfrac{\triangle_{96}}{\triangle_{48}}=0.2501943$，$\lambda_{192}=\dfrac{\triangle_{192}}{\triangle_{96}}=0.2500565$。　　（4）

由此可见，序列（3）似乎逐渐趋向于一个定值（0.25），因此称此近似的等比数列为拟等比数列。

取 $\lambda=\lambda_{192}$ 为此拟等比数列（3）的“公比”，来估计 L_{384}，L_{768}，…，L_{12288} 之值。

假设拟等比数列（3）从 $\triangle_{192}$ 以后为以 λ 为公比的等比数列，那么便得到递推公式：

$\triangle_{384}=L_{384}-L_{192}=\lambda\triangle_{192}$，

即 $L_{384}=L_{192}+\lambda\triangle_{192}=3.1415576(9)$。

同理可得

$L_{768}=L_{384}+\lambda\triangle_{384}=L_{384}+\lambda^2\triangle_{192}=3.1415839(8)$，

$L_{1536}=L_{768}+\lambda^3\triangle_{192}=3.1415905(6)$，

$L_{3072}=L_{1536}+\lambda^4\triangle_{192}=3.1415921(0)$，

$L_{6144}=L_{3072}+\lambda^5\triangle_{192}=3.1415925(1)$，

$L_{12288}=L_{6144}+\lambda^6\triangle_{192}=3.1415926(1)$。

若用 L_{12288} 作圆周的近似值，再用刘徽不等式，就得到了盈、朒二数：

$$L_{12288}=3.1415926<L_{\text{圆}}=\pi<L_{12288}+(L_{12288}-L_{6144})=3.1415927。$$

从上述合情推理可以看出，祖冲之在计算圆周率“盈、朒”二数过程中，不囿于前人成法，表现出了高超的数学智慧和创造精神。祖冲之的这一数学成就超越时代千年之久，真是个奇迹。

五、关于三角形界心的妙论

（一）关于三角形界心的三个定理

1999 年，重庆市第十六中学的夏培贵老师，在《中学数学教学》上发表《关于分周线的三个定理》，提出三角形分周线及有关的三个几何定理。一时引起很多人的关注。

所谓三角形的“分周线”，是指$\triangle ABC$周边上两点 D、E，若它们将三角形周长（三边之和）分成相等的两部分，那么直线 DE 就称作该三角形的一条分周线。显然，任何一个三角形，都有无穷多条分周线。但是通过三角形边上固定的任意一点（包括顶点），有且只有一条分周线。特别地，通过三角形的三个顶点，有三条分周线；通过三边中点也各有一条分周线。夏培贵老师文章中的前两个定理，就是说通过三角形三个顶点的三条分周线交于一点——称为第一等周中心（界心 K）；通过三角形三边中点的三条分周线也交于一点——称为第二等周中心（界心 J）。“定理 3”是最有趣的结论，我们称之为三角形界心定理：任意三角形的第一界心 K、第二界心 J 与三角形重心 G，三点共线。这是一个非常困难的几何证明题。由于没有发现纯几何证法，夏老师文中用的解析

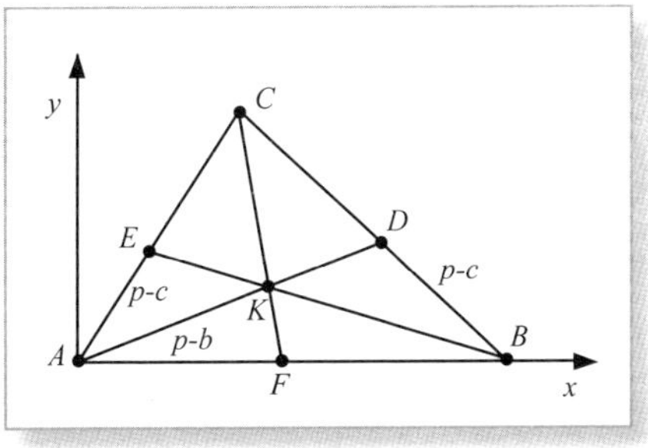

图 5-5-1

方法，以繁代难。虽然解析证明十分复杂，但他通过复杂的计算，终于给出了这个定理的证明。整个定理的解析证明，用了整整两页的漫长篇幅。

他在事先证明定理1、2时，以A点为原点，以AB为x轴正向，建立直角坐标系（图5-5-1）。设三角形三边长分别为a, b, c；设p为三角形半周长，则可求得点K、J的坐标，分别为：

$$K\left[\frac{ac-a(p-c)\cos B}{p},\ \frac{b(p-c)\sin A}{p}\right],$$

$$J\left[\frac{c(2p-b)+b(2p-c)\cos A}{4p},\ \frac{b(2p-c)\sin A}{4p}\right],$$

$\triangle ABC$重心坐标为$G\left[\dfrac{c+b\cos A}{3},\ \dfrac{b\cos A}{3}\right]$。

欲证K、J、G三点共线，只需证明直线GK与KJ的斜率相等。他通过复杂的计算，得

$$k_{GK}=k_{KJ}=\frac{b(3c-2p)\sin A}{c(2p-3a)+a(2p-3c)\cos B}$$

因此，G、J、K三点共线。

夏老师发现这三点共线，是很不容易的，是十分有价值的成果。但是美中不足的是用解析方法，计算过于烦琐。如果能有简化证明就更好了，特别是能够发现几何证法，就完美了。果不其然，文章发表不久，就有两篇稿子给出了不同的简化的几何证明。特别是陈传孟老师的纯几何证法，非常简洁，非常精彩，而且还丰富了原有结论。下面就来看陈老师精彩的新证明方法。

（二）漂亮的几何证法

在"陈证"中，将三角形的等周中心，称为三角形的"界心"。先证第一界心 J（上述的 K 点）存在。即从三角形三顶点出发的分周线共点。从图 5-5-2 上看，直线 BJE 截 $\triangle ACB$，由梅涅劳斯定理知：

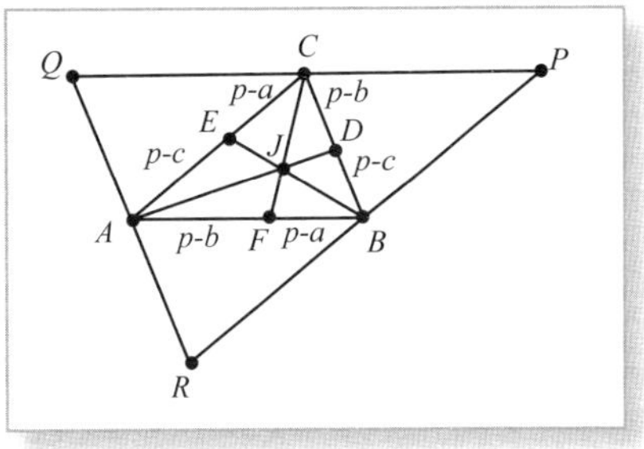

图 5-5-2

$\frac{CJ}{JF}\cdot\frac{FB}{BA}\cdot\frac{AE}{EC}=1$。若设三边 $AB=c, BC=a, AC=b, p$ 为半周长，则 $AF=CD=p-b$，$BF=CE=p-a$，$AE=BD=p-c$，从而

$$\frac{CJ}{JF}=\frac{BA}{FB}\cdot\frac{EC}{AE}=\frac{c}{p-a}\cdot\frac{p-a}{p-c}=\frac{c}{p-c}\Rightarrow\frac{CG}{JF}=\frac{c}{p}$$

过 A、B、C 分别作对边平行线，交成 $\triangle PQR$，如图 5-5-2。且设 J 到 PQ、PR、QR 距离分别为 l_C，l_B，l_A；J 到 AB 的距离为 h_c，

则 $\frac{CJ}{JF}=\frac{c}{p}$。因此，$l_C=\frac{c\cdot hc}{p}=\frac{2S_{\triangle ACB}}{p}$。

同理可证 $l_A=l_B=l_C=\frac{2S_{\triangle ACB}}{p}$。

此为定值。这就是说 J 点到 $\triangle PQR$ 三边等距离，故知 J 点即为该三角形的内心，因而肯定是存在而且唯一。而且因为 $\triangle PQR$ 与 $\triangle ABC$ 逆对称，对称中心为两个三角形的共同重心 G，故知 $\triangle PQR$ 与 $\triangle ABC$ 的内心 J 与 I，是关于 G 点为中心的逆对称点，应在同一条直线上，即 J、G、I 三点共线。（这是得到的副产品。）

再证第二界心 K（即前述 J 点）存在。

如图 5-5-3，设$\triangle ABC$的三边中点分别为 D、E、F，DS、ET、FU 为三条等周线。则由 $AF=\frac{c}{2}$，$AE=\frac{b}{2}$，而 $AF+AE+EU$ 为半周长，知 $EU=\frac{a}{2}=EF$（$\triangle ABC$ 中位线），又因为 $DF \parallel AC$，故有$\angle EFU=\angle EUF=\angle DFU$，因而 FU 为$\angle DFE$ 分角线。同理。可证 SD、TE 分别是$\angle EDF$、$\angle DEF$ 分角线。因此，这三条等周线 DS、ET、FU 交于$\triangle DEF$ 的内心 K，即 K 点也是唯一存在的。但显然$\triangle DEF$ 与$\triangle ABC$ 也为逆对称，其对称中心也是二者的公共重心 G，故此两个三角形的内心关于 G 点为逆对称点，即 K、G、I 在一条直线上。

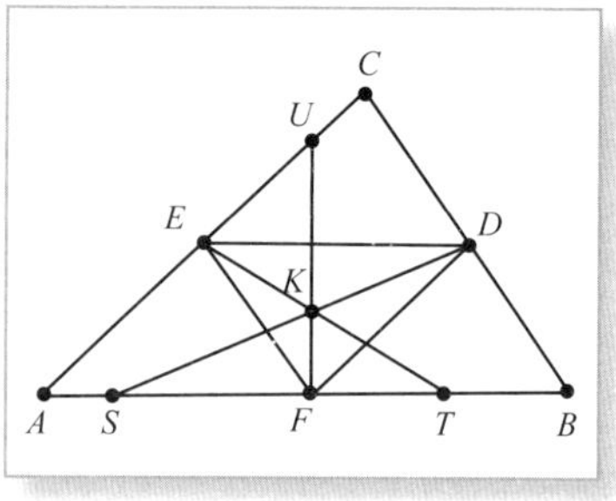

图 5-5-3

如上述所证，知 J、K 都在直线 GI 上，或者说四点 J、K、G、I 共线。而且由于$\triangle PQR$ 与$\triangle ABC$ 逆对称，$\triangle ABC$ 又与$\triangle DEF$ 逆对称，且相似比都是-2。故知这四点不仅在一条直线上，而且其位置有固定距离关系：$JK:KG:GI=3:1:2$。

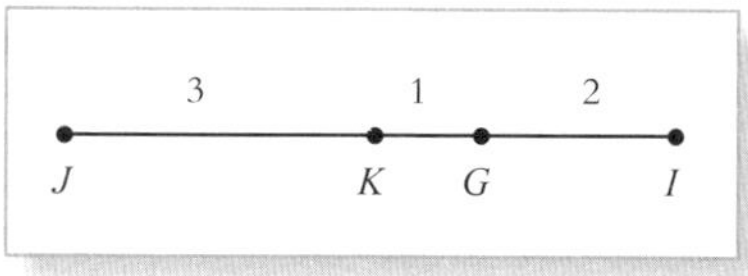

图 5-5-4

这四点所共在的直线，是一条有关三角形的特殊点共线的直线，完全可以与“欧拉直线”（三角形外心、垂心与重心共线）相媲美。

关于界心的上述定理，两种证明方法相比较，解析法繁杂，但有成套的计算办法（坐标几何）；而纯几何综合证法简洁漂亮，但很难想得到。当遇到困难，而又暂时无法可想时，以繁代难，未尝不是个好办法。但在有了繁杂证法之后，又要想办法化繁为简。这是我们在遇到难题时，分两步走的通常想法。这也是数学难题求证（或求解），给我们的启示之一。而这里所展示的几何证明方法，实在是巧妙，看了此证明之后，我们的心灵实在是感到了美的享受！

（三）历史回望

以上关于三角形界心的三个定理，及其漂亮的证明方法，确实给了我们一次数学美的欣赏。但是，早在百年之前，就已经有人进行过类似的研究，并且有过类似的发现。

19世纪后半叶至20世纪初叶，包括布洛卡（Brocard，1845—1922）、莱莫恩（Lemoine，1840—1912）、约尔刚（Gergonne，1771—1859）和奈格尔（Nagel，1821—1903）在内的一大批数学家，掀起过一阵研究欧氏几何的热潮，获得了不少新成果。有多部著作对此有过较为系统的总结。但是，这些著作均离我们较远，而新译又出版较迟，所以一般人并不知道其中的内容。所以在近十年中，早在一个世纪以前就已经获得的结果，又被重新“发现”。人们对“布洛卡点”的兴趣，就是一个例子。而对“界心”的兴趣，是另一个例子。

我们现在就来看一看，上述著作中关于这方面有些什么主要成果：

1. $\triangle ABC$内切圆切三边于D、E、F，则AD、BE、CF相交于一点M，这一点称为Gergonne点；

2. $\triangle ABC$旁切圆切三边于P、Q、R，则AP、BQ、CR相交于

一点 N，这一点称为 Nagel 点；

3．$\triangle ABC$ 的 Gergonne 点和 Nagel 点为一对等距共轭点；

4．$\triangle ABC$ 重心 G、内心 I 和 Nagel 点 N 共线，且 $GN=2IG$；

5．设 S 是 IN 的中点，则 S 是$\triangle ABC$ 中点三角形$\triangle O_1O_2O_3$ 的内心，$\triangle O_1O_2O_3$ 的内切圆称为 Spieker 圆。

联系现实，回忆历史，我们可以得到以下一些结论：

第一，$\triangle ABC$ 的第一界心 J，就是 Nagel 点。

事实上，在$\triangle ABC$ 中，若 D、E、F 分别是三边 BC、CA、AB 上内切圆的切点，显然，AD、BE、CF 是分周线。故它们的交点——Nagel 点，即是第一界心 J。只是在 Nagel 的时代，还没有“界心”这个概念，因此，也没有人指出这一点。

第二，$\triangle ABC$ 的第二界心 K，就是 Spieker 圆的圆心 S。

事实上，$\triangle ABC$ 的第二界心 K，是内心 I 和第一界心 J 的中点，与 Spieker 圆的圆心 S 的定义一致，即点 J 就是 S。不过，那时也许没有人注意 S 点具有第二界心的性质。现在夏先生等人从“界心”这一概念出发，指出了这一点。真可谓纵然相隔百年，但英雄所见略同。或者说“老树春来又发花”。

六、简化，简化，再简化

问题的解决，我们希望它越简单越好。因此我们重要的思维原则，就是简单化原则，务使问题的解决方案简化，简化，再简化。如果能将其最后化归成人所共知的基本问题，那么，问题就算解决了。试想一想，我们解题的过程，哪次不是将其不断化简的过程。其实，计算机之所以能够解决那么复杂的数学题，也是简化的结果。因为事实上，计算机只能做最简单的加法——“1+1=10（二进制数）”。而将其他的运算，都化成这种运算的连缀和叠加——用一串简单的运算（程序），来表达复杂的运算。这也就是我们解题的基本策略。

例如，解方程，总是设法将其降低次数，最后化成二次方程。这样，只要利用二次方程求根公式，就一定能够求得它的解来。在解几何作图题时，总是设法运用一连串的基本作图方法来完成它。要解决任何问题，总是从最简单处入手。

（一）简化第一例

问题 1（天津市数学竞赛题）：

下面哪一个数一定不是某个自然数的平方数（其中 n 是任意正整数）？

（1）$3n^2-3n+3$；（2）$4n^2+4n+4$；（3）$5n^2+5n-5$；

（4）$7n^2+7n+7$；（5）$11n^2+11n-11$。

这是一个很有意思的经典问题。但如果从大处想，作一般性证明，那就非常困难了。对于这类判断题，通常我们用排除法，逐步淘汰。如果看出了哪个式子是自然数的平方，它就被淘汰了。先以第一个为例。它不是平方数吗？

思考一：二次方程 $3n^2-3n+3=k^2$（*）没有正整数解吗？

这是二元二次方程正整数解的判定问题，是数论中很难的问题之一，就连一般大学数学教材，都不讲。要一个中学生去做，当然很困难。但如果，在（*）式中取 k 为具体自然数 1，2，3，将问题简化成：

思考二：方程 $3n^2-3n+3=1$，$3n^2-3n+3=2$，$3n^2-3n+3=3$ 有无正整数解？

这就变成判断二次方程正整数解的存在问题，根据二次方程求根公式，就有办法来解决。虽然稍微麻烦一点，但中学生是能够解决的。

我们再来简化一下，在（*）式中取 n 为具体自然数 1，2，3，将问题变为思考三：当 $n=1$，2，3 时，$3n^2-3n+3$ 是平方数吗？

这就变成一个简单的算术问题，连小学生都能够回答：当 $n=2$ 时，该式等于 9，它是 3 的平方，故（1）被淘汰。同理，当 $n=2$ 时，$5n^2+5n-5=5^2$，$7n^2+7n+7=7^2$ 也是平方数，故（3）（4）也被淘汰。当 $n=3$ 时，$11n^2+11n-11=11^2$，（5）也被淘汰。

因此，（1）、（3）、（4）、（5）都被淘汰。最后剩下的（2）必是应选之项。

这里，有人要问：为什么你不对（2）进行直接的检测呢？——其实，在思考和检验的过程中，当然要考虑（2）是否被淘汰。但当令 $n=1$，2，3 时，它都不是平方数时，是继续令 $n=4$，5，6，…去检测它呢？还是暂时放弃它，跳过去呢？聪明的读者，一定会同意后述做法：先将（2）跳过去。因为，如果（2）就是我们要选的，那么，这样去验算，是不会有结果的。我们跳过（2），是灵活性的表现。

从上述的思维过程中，我们看到将原来极其困难的难题，一步步简化成连小学生都能够解决的问题。这不仅仅是解题的技巧，也是解题的思维原则——简单化原则所起的大作用。

问题 2（2002 年五羊杯初中数学竞赛初三题 17）：

五羊大学建立分校，校本部与分校隔着两条平行的小河。如图 5-6-1，甲、乙表示小河，A 为校本部大门，B 为分校大门。为方便人员来往，要在两条小河上各建造一座桥，桥垂直于河岸。图中的尺寸是：甲河宽 8 m，乙河宽 10 m；A 到甲河垂直距离 40 m，B 到乙河的垂直距离 20 m；两河间距离 100 m，A、B 两点水平距离（与小河平行方向）120 m。为使 A、B 两点间来往路程最短，两座桥都按这个目标而建，那么，此时 A、B 两点间来往的路程是多少？

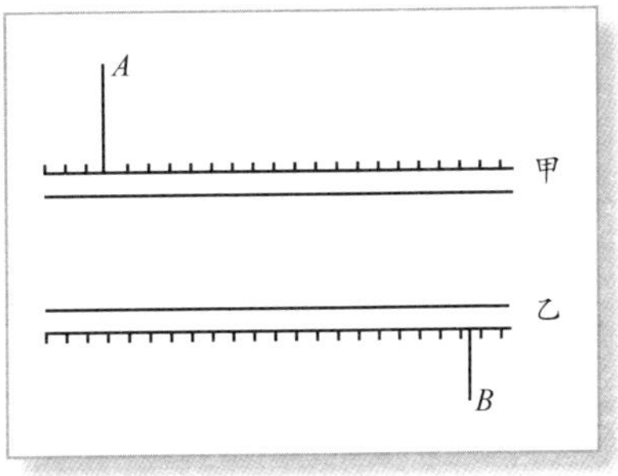

图 5-6-1

思考一：设在小河甲上建造桥 CD，在小河乙上建造桥 EF，则在 A、B 间来往的路线是折线 $ACDEFB$。若在 AA' 上取 $AA_1=CD$，在 BB' 上取 $BB_1=EF$，连接 A_1D、EB_1，那么，除了桥以外，从 A 到 B 在陆地上走的路程，应是折线 A_1DEB_1。因为两座桥的长度是不能减少的，所以 A、B 间路程的长短，决定于这条折线的长短。显然，当且仅当 A_1DEB_1 成一条直线时，从 A_1 到 B_1 有最短距离，因而 A、B 间有最短距离。这时 A_1B_1 与甲河北岸的交

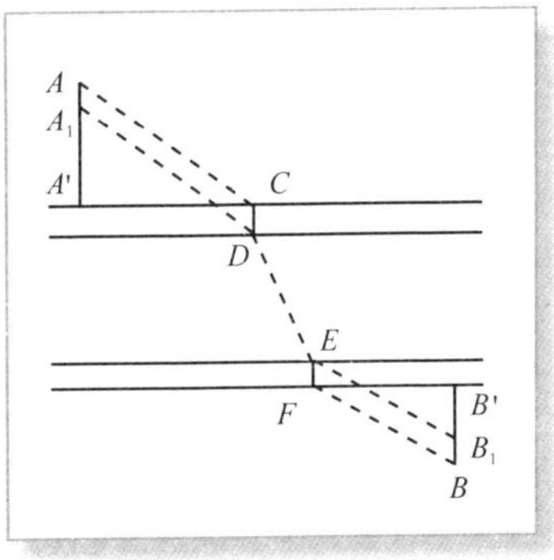

图 5-6-2

点 D_1，就是甲河的桥址，与乙河南岸的交点 E_1，就是乙河的桥址。

由此得到计算方法如下：过 B_1 作河岸的平行线，交 AA' 的延长线于 K，如图 5-6-3，则易知 A_1KB_1 为直角三角形，两直角边 $A_1K=(40-10)+10+100+8+(20-8)=160$，$KB_1=120$，斜边 $A_1B_1=\sqrt{A_1K^2+B_1K^2}=\sqrt{160^2+120^2}=200$。

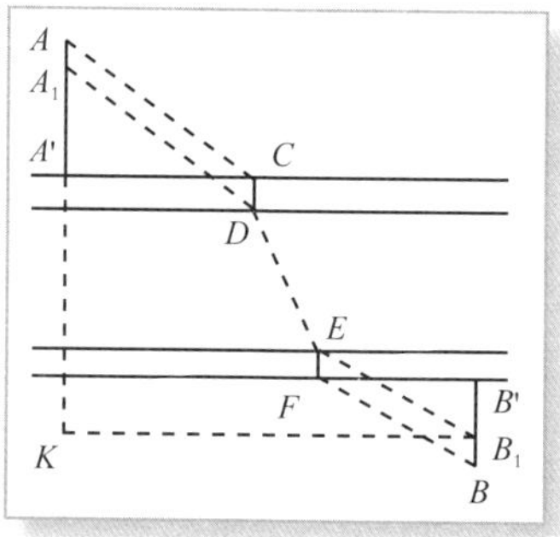

图 5-6-3

从而，AB 间的最短距离 $=200+10+8=218$（m）。

思考二：设想小河甲与乙，都缩成了一条线（宽度为 0），那么，显然 $A\to A_1$、$B\to B_1$。而这两点之间的最短距离就是直线 A_1B_1，如图 5-6-4 所示，它的长度就是 $A_1B_1=\sqrt{A_1K^2+B_1K^2}=\sqrt{160^2+120^2}=200$。加上两座桥的长度，于是我们问题的答案就是：从 A 到 B 的最短路程等于 $200+10+8=218$（m）。

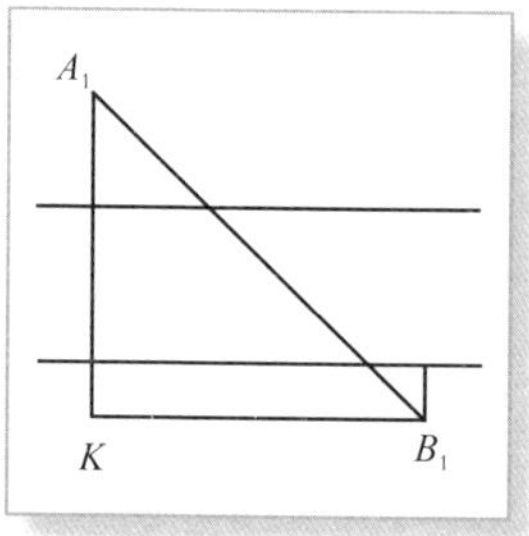

图 5-6-4

相比之下，这第二种思路，简单得多，也优美得多。自然，这种优美的简单性，是在经过认真思考后得到的。因此，数学的简洁美，确实具有方法论上的意义。

对于数学简洁美的追求，往往是人们学习数学、研究数学的一种动力。有的数学题本身，就包含了某种因果关系的简单性，在解题中我们揭示出了这种简单性，就能够感受到它的简妙，得到美的享受。

七、借形表数（式）有趣味

数学的对象是数和形。数是无形的，而形却能和数处于一个学科之内，这是什么道理呢？原因就在于数与形是可以互相转化的：数里有形，而形中又有数。而若将这种思想运用于解决数学问题中，即能收到化难为易的奇效。请看下面的问题解决。

1. 一个纯代数的问题：

解无理方程$\sqrt{1-\frac{1}{x}}+\sqrt{x-\frac{1}{x}}=x$。

分析和说明：如果按照常规方法，解无理方程，要用平方来消去根号，使其化为有理方程。这就要经过两次平方，将要出现四次方程。而要解四次方程可就复杂了，且没有一般方法。

我们能否借助作图，来联系几个无理式的关系呢？

虽然这是无理方程，但是其中的无理式$\sqrt{1-\frac{1}{x}}$和$\sqrt{x-\frac{1}{x}}$的平方分别与$\sqrt{\frac{1}{x}}$的平方求和，答案却是简单的有理式 1 和 x。这就给我们留下了思考空间。

若以它们为直角边作直角三角形，那么，其斜边就是 1 和 x。多么简单！具体怎么操作呢？

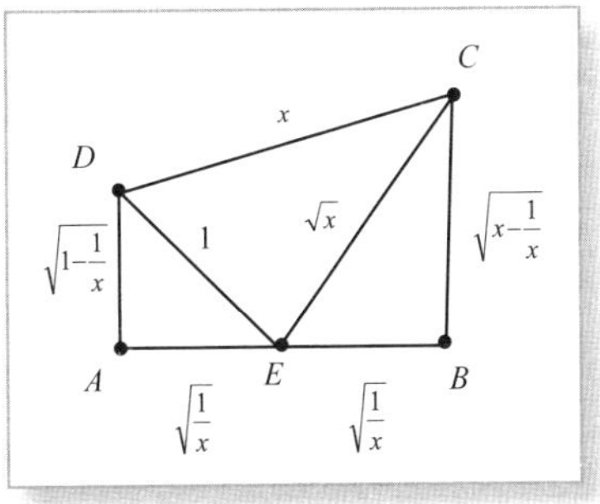

图 5-7-1

思考一：以$\sqrt{1-\frac{1}{x}}$、$\sqrt{x-\frac{1}{x}}$为上下底边，以$2\sqrt{\frac{1}{x}}$为腰，作直角梯

形 $ABCD$，如图 5-7-1，则梯形面积为

$$S_1=\frac{1}{2}\left(\sqrt{1-\frac{1}{x}}+\sqrt{x-\frac{1}{x}}\right)\times 2\sqrt{\frac{1}{x}}=\frac{1}{2}x\times 2\sqrt{\frac{1}{x}}=\sqrt{x}。$$

而 $S_{\triangle ADE}+S_{\triangle BCE}=\frac{1}{2}\times\sqrt{\frac{1}{x}}\left(\sqrt{1-\frac{1}{x}}+\sqrt{x-\frac{1}{x}}\right)=\frac{1}{2}\sqrt{x}$。

由此可见，$S_{\triangle CDE}=S_1-(S_{\triangle ADE}+S_{\triangle BCE})=\sqrt{x}-\frac{1}{2}\sqrt{x}=\frac{1}{2}\sqrt{x}$。

由勾股定理知 $CE=\sqrt{x}$，$DE=1$，而 $S_{\triangle CDE}=\frac{1}{2}CE\cdot DE\sin\angle CED=\frac{1}{2}\sqrt{x}\times 1\sin\angle CED=\frac{1}{2}\sqrt{x}$，所以 $\sin\angle CED=1$，得 $\angle CED=90°$。

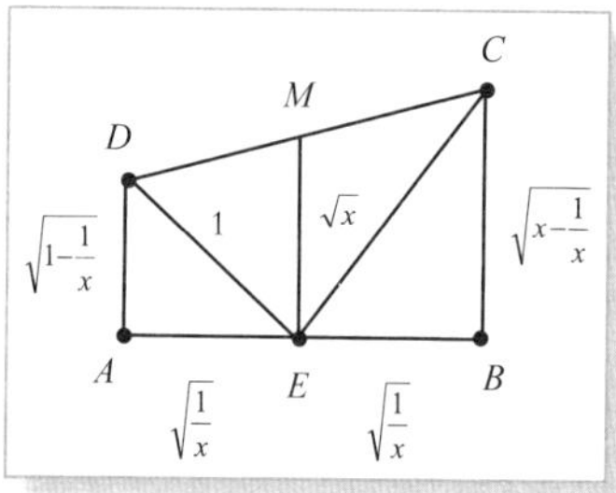

图 5-7-2

因此，$\triangle CDE$ 为直角三角形。过 CD 中点 M 作底边平行线 ME，则 ME 是等腰梯形的中位线，故 $ME=\frac{1}{2}(AD+BC)=\frac{1}{2}\left(\sqrt{1-\frac{1}{x}}+\sqrt{x-\frac{1}{x}}\right)=\frac{1}{2}x$。而 ME 又是 Rt$\triangle CDE$ 斜边上的中线，故 $DC=2ME=x$。

在 Rt$\triangle CDE$ 中，用勾股定理，应有 $CE^2+DE^2=CD^2$，即有 $x+1=x^2$，这是二次方程，容易解得 $x=\frac{1+\sqrt{5}}{2}$。

此亦即所求无理方程之解。

思考二：前面是作等腰梯形，来联系有关的无理式，使无理方程化为有理方程（二次方程）。我们能否将作图简化一点呢？——矩形？三角形？再试一试。

试以$\sqrt{\frac{1}{x}}$，（$\sqrt{1-\frac{1}{x}}+\sqrt{x-\frac{1}{x}}$）$=x$为两边，作矩形$ABCD$，如图 5–7–3，其中$AE=\sqrt{1-\frac{1}{x}}$，$BE=\sqrt{x-\frac{1}{x}}$，连接$CE$、$DE$，由上述同样理由，知$\triangle CDE$为直角三角形，从而得$x+1=x^2$，解得

$$x=\frac{1+\sqrt{5}}{2}。$$

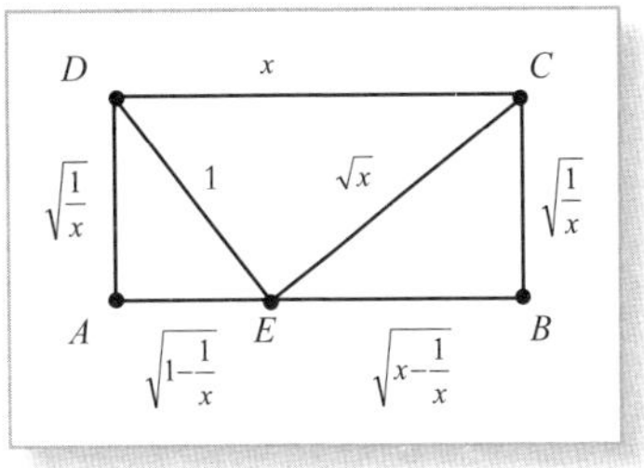

图 5–7–3

思考三：能否进一步改为三角形呢？试以$\sqrt{1-\frac{1}{x}}+\sqrt{x-\frac{1}{x}}=x$为底边，以$\sqrt{\frac{1}{x}}$为高，作三角形，如图 5–7–4。同样方法，知道所作三角形为直角三角形，于是得到关于x的二次方程：$x+1=x^2$，同样解得

$$x=\frac{1+\sqrt{5}}{2}。$$

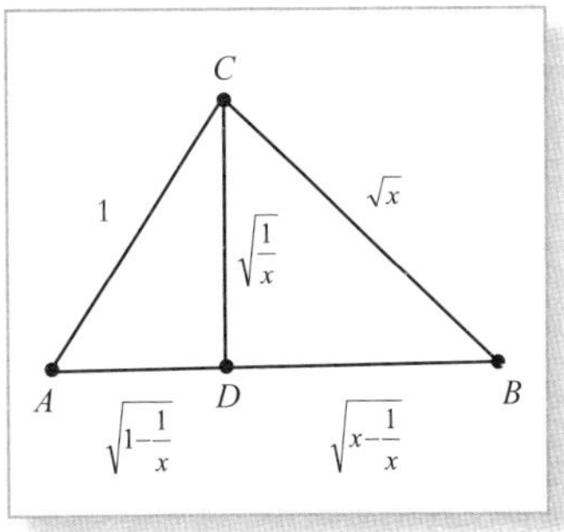

图 5–7–4

以上三种方法，发现无理方程内在的含未知数x的无理式的有理关系，从而使关于x的无理方程化成二次方程，从而大大简化了原问题。比较三种作图方法，图形的不断简化，使问题的解法越来越简单。

将数量关系转化为形（线段长度和图形面积关系），再将形还原为代数式。从中可以看出形与数的内在联系，多么和谐，多么美妙！许多代数问题和三角问题，都可以如此地去思考，化数为形，形数交融，得到美妙的解决途径。

八、由赌博问题引出的大学问

（一）故事由来

在 17 世纪的法国，有个颇有文化素养的赌徒梅累，在赌博中遇到一个棘手的问题：得分问题。

先来说说当时欧洲赌博游戏的规则：一般是二人对博，双方各出同等赌资，放在一起作赌注，事先约定先得几分者为胜。每局胜者得 1 分，最后胜者获得全部赌资。梅累遇到的“得分问题”是：A、B 二人各出金币 32 枚作赌注。约定先得 4 分者获胜，获得全部 64 枚金币。但是由于某种突发情况，在 A 得 2 分、B 得 1 分的情况下，赌博终止。试问：这时应该按照什么比例来分配这 64 枚金币？

梅累虽然是一个熟练的赌徒，但是不能解决这个难题。于是他向法国天才数学家——帕斯卡（1623—1662）求教。而帕斯卡又把这个问题写信给他的朋友——被誉为“业余数学家之王”的费马（1601—1665）。

经过思考和研究，费马和帕斯卡从不同的思路上给出了各自的解法。

（二）费马的方法

费马的逐步排列法：设想赌局继续再进行 4 局，总可以得出最后结果。于是他列举出各种胜负可能情况，以计算各人的胜负可能性：

1. A胜4局，B全负，这只有一种情况——aaaa；

2. A胜3局，B胜1局，这有4种情况——aaab，aaba，abaa，baaa；

3. A胜2局，B胜2局，这有6种情况——aabb，abab，abba，baba，bbaa，baab；

图 5-8-1　费马

4. A胜1局，B胜3局，这也有4种情况——bbba，babb，abbb，bbab；

5. B胜4局，A全负，这也只有一种情况——bbbb。

以上共有16种情况，其中有11种情况A胜；其余5种情况B胜。从而A、B二人的获胜率（机会）之比应为11∶5。因此，A应得赌金为$\frac{11}{16}\times 64=44$个金币；B得其余的20个金币。

（三）帕斯卡的数字三角形法

图 5-8-2　帕斯卡

帕斯卡则从他发现的数字三角（帕斯卡三角）出发。他设想：赌局开始，在数字三角的顶点上放一颗棋子，第一局若A胜，将棋子向左下移到第二行；若B胜则向右下移动棋子到第二行。第一局后，不论谁胜，棋子都会移到第二行。第二局后，棋子一定会移到第三行上。只是若A胜棋子向左下移一行，B胜向右下移一行。依此类推，第三局，棋子移到第四行。第四局后，棋子移到第五行。

若A胜3局，B胜1局，则棋子向左下移3次，向右下移1次。棋子移动的路线有以下四条：

1（向左）→1（向左）→1（向左）→1（向右）→4；

1（向左）→1（向左）→1（向右）→3（向左）→4；

1（向左）→1（向右）→2（向左）→3（向左）→4；

1（向右）→1（向左）→2（向左）→3（向左）→4。

则不论如何，最后棋子都移到第五行的第二个数字4上。这个数字4，恰好就是A胜3局，B胜1局的所有可能情况。

同理，第五行上第三个数字6，就是从顶点1移动棋子四次到达这个数字上的所有可能路径的总数。

1

1 1

1 2 1

1 3 3 1

1 4 6 4 1

1 5 10 10 5 1

1 6 15 20 15 6 1

图 5-8-3

因为A若胜4局、3局、2局，连同已经获胜的2局，A都先胜4局，故A胜；若A只胜1局，或全输，B才能够获胜。

因此，对应第五行上的前3个数字1、4、6就是A获胜的所有可能情况；而第五行后两个数字4、1则是B获胜的所有可能情况。于是A、B获胜的可能机会之比应为：$(1+4+6):(1+4)=11:5$。这与上面费马的推理计算结果完全相同。

到此，梅累的得分问题，便彻底解决。

若用排列、组合符号表示，那么帕斯卡的方法和结果可以表示为：

$$(C_5^1+C_5^2+C_5^3):(C_5^4+C_5^5)=11:5$$

比较两人的思路和解法，虽然后者思路要复杂一些，但是利用排列组合，可以将以上问题的解法，推广到一般情况。例如，A、B 二人各需再胜 m 局和 n 局，那么，终局的棋子应该落在第 $m+n+1$ 行上，且二人获胜机会之比为：

$$(C_{m+n}^{0}+C_{m+n}^{1}+\cdots+C_{m+n}^{n}):(C_{m+n}^{n+1}+\cdots+C_{m+n}^{m+n})$$

由此得分问题，引发数学家对概率论的研究，而使得随机事件的研究成为数学的重要门类。因为，在概率论问世之前，数学的研究对象虽然已经从定量发展到变量，但是对于变量之间的关系，仍然是固定的。例如行车的距离、时间和速度之间的关系一般是：距离等于速度与时间的乘积，计算公式为 $s=vt$。然而实际上，车行进在路上，并非匀速，速度 v 本身是个随机变化的量。所以根据这个公式计算得到的结果，与实际结果有差距。所以，随机数学，更加接近实际情况。而由赌徒得分问题所引发的概率论，是随机数学这门大学问的源头。

九、易拉罐中有数学

问题：现在到处可见的易拉罐（图 5-9-1），为何大多设计成圆柱状，其长度和圆柱直径之比多大为好？

分析：易拉罐外形设计的合理性，与预定的优化标准有关。其一，在同样体积的要求下，以使用的包装材料是否节省来判断优劣；其二，以焊缝的长短为标准来判定优劣。现分别对两种情况进行讨论。

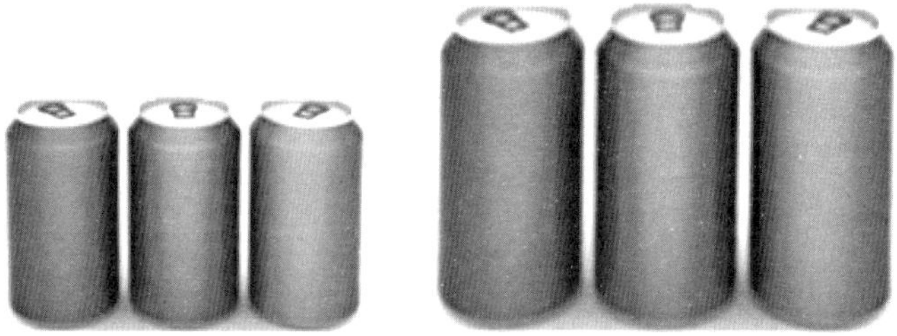

图 5-9-1

1. 节省包装材料。

在体积 V 为定值的条件下，求圆柱体的表面积 S 最小值。

设圆柱体的高为 h，底面半径为 r。由 $V=\pi r^2 h$，得 $h=\dfrac{V}{\pi r^2}$。

又因为 $S=2\pi r^2+2\pi rh$，故 $S=2\pi r^2+\dfrac{2V}{r}$。　　（1）

由均值不等式知：

$$S=2\pi r^2+\frac{V}{r}+\frac{V}{r}\geqslant 3\cdot\sqrt[3]{2\pi r^2\cdot\frac{V}{r}\cdot\frac{V}{r}}=3\cdot\sqrt[3]{2\pi V^2}。\qquad (2)$$

其中等号当且仅当 $2\pi r^2=\dfrac{V}{r}$，即 $r=\sqrt[3]{\dfrac{V}{2\pi}}$ 时取得。此时 $h=2r$，表面积 S 有最小值 $\min\{S\}=3\cdot\sqrt[3]{2\pi V^2}$。

即当圆柱体的高与底面直径相等时，表面积有最小值。

至于（1）式中右边的两项，为什么要在（2）式中分成三项，是因为要使这几项之积为常数，才能运用极值定理。

2. 考虑缩短焊缝。

事实上，大多数易拉罐的外形不是等边圆柱体。为什么呢？这可能有两个原因：第一，易拉罐的底面与侧面所用的材料厚度不同，因此价格不同；第二，为使焊缝缩短。

先考虑第一个原因：

设底面材料单位面积价格，与侧面材料单位面积价格分别为 λ_1，λ_2（$\lambda_1 \neq \lambda_2$），则做一个易拉罐的价格为

$$
\begin{aligned}
y &= \lambda_1 2\pi r^2 + \lambda_2 2\pi rh \\
&= \pi(2\lambda_1 r^2 + 2\lambda_2 rh) \quad \text{（分成三项）} \\
&= \pi(2\lambda_1 r^2 + \lambda_2 rh + \lambda_2 rh) \\
&\geqslant 3 \cdot \sqrt[3]{2\lambda_1\lambda_2^2 \cdot r^4h^2}
\end{aligned}
$$

当且仅当 $2\lambda_1 r^2 = \lambda_2 rh$，即 $h = 2\dfrac{\lambda_1 r}{\lambda_2}$ 时，等号成立。此时 y 取最小值，但是易拉罐的外观，已经不是等边圆柱了。

再考虑第二个原因：

易拉罐焊缝，由上下两个圆和侧面一条直线构成，其长度为

$L = 2\pi r + 2\pi r + h = 2\pi r + 2\pi r + \dfrac{V}{\pi r^2} \geqslant 3 \cdot \sqrt[3]{4\pi V}$。

当且仅当 $2\pi r = \dfrac{V}{\pi r^2}$，即 $r = \sqrt[3]{\dfrac{V}{2\pi^2}}$ 时，取等号。此时 L 取最小值 $3 \cdot \sqrt[3]{4\pi V}$，而易拉罐的高 $h = 2\pi r$，即它的高等于底面圆周长。这时易拉罐外形就成了长条形的圆柱形了。

可见以不同的标准，就会有不同的最佳设计方案。

十、电梯升降停靠站设计有学问

（一）一个现实问题

一栋 33 层的大楼有一部大型电梯，停在第 1 层。从乘客满意的

程度考虑，每次上升时，在第 2 至 33 层之间停几次、在哪几层停最合理？

分析情况，明确问题：

所谓“满意程度”没有数量意义。所以，首先要把“乘客满意程度”数量化。

一方面，对于已经登上电梯的乘客来说，如果电梯不能停到他所需要去的楼层，还要他走上，或走下一层或几层，那么，他就感到不满意，而上楼又比下楼更让人不满意。因此对于这些已经上了电梯的人来说，希望多停几次，每层都停，就可以把所有人送到位。

另一方面，对于在下面等电梯上楼的人来说，希望等的时间越少越好，因此，希望已经开动的电梯在运行中少停几次。

那么，怎么才能平衡人们的满意度呢？

（二）数量化和合理简化

为了便于计量研究，我们设法将以上“不满意”程度数量化：假设步行下楼一层，不满意程度为 1 分 / 人；步行上楼一层，不满意程度为 3 分 / 人；电梯停一次，在下面等电梯的人，感到不满意程度为 5 分 / 次。

这样就使上下楼的人的“不满意”程度数量化了。

因为上楼到各层的人是随机的，可以作如下假设，将问题进行合理简化：

首先，假设到每层都有 1 人，而先不考虑下面等电梯的人。现有 32 人在第 1 层，他们分别要去第 2 至 33 层的某一层，而电梯在中间只停一次，那么停在哪一层，这 32 个人的不满意分数总和最小？

其次，考虑在下面等电梯人的不满意程度，电梯在一次运行中停几次，使所有人不满意程度最小？

（三）建立数学模型

1. 设电梯停在第 x 层。在第一层有 y 人没有乘电梯而直接走上楼，$32-y$ 人乘电梯上楼。显然，这步行的 y 人，是住在较低的第 2~（$y+1$）层的某一层，其余的人则分别住在第（$y+2$）~33 层的某一层。现在来计算这 32 人不满意的总分 S。

由于要使不满意总分最小，自然要求 $y<x$。下面分两部分来计算：

第一部分——步行上楼的 y 人不满意分数。我们先来计算他们总共步行了多少层楼：第一人从第 1 层楼梯走到第 2 层，第二人从第 1 层楼梯走到第 3 层，……，第 y 人从第 1 层楼梯走到第 $y+1$ 层楼，上楼梯的总层数为 $1+2+\cdots+y=\frac{y}{2}(y+1)$，故不满意总分是：$\frac{3y}{2}(y+1)$。

第二部分——乘电梯上楼的人不满意分数。这 $32-y$ 人中只有住第 x 层的那位满意；除此以外，其余人都要往上走或往下走，都感到不满意：

第 $x+1$ 层到 33 层的住客，要分别往上走 1~$(33-x)$ 层，因此，不满意的总分数是：$3\times[1+2+\cdots+(33-x)]=\frac{3}{2}(34-x)(33-x)$；

第 $y+2$ 层到 $x-1$ 层的住客，要分别往下走 1 ~ $(x-y-2)$ 层，

因此，不满意的总分数是：$1+2+\cdots+(x-y-2)=\frac{1}{2}(x-y-1)(x-y-2)$。

总计以上三项，总和为：

$$S=\frac{3}{2}y(y+1)+\frac{3}{2}(34-x)(33-x)+\frac{1}{2}(x-y-1)(x-y-2)$$
$$=2x^2-xy+2y^2-102x+3y+1684\cdots\cdots\cdots\cdots(*)$$

于是，我们的问题就变为一个数学问题：求二元二次函数（*）的最小值。

将（*）式右边进行两次配方，得

$$S=2\left(x-\frac{y+102}{4}\right)^2+\frac{15}{8}(y-6)^2+316\geqslant 316$$

显然，当 $x=27$，$y=6$ 时，$S=316$ 是最小值。这就是说：当电梯停在第 27 层，下面有 6 人步行上楼时，所有人的不满意总分最小，总分为 316 分。

2. 若电梯只停一次，如上面已经算过，不满意总分最小为 316 分，加上下面等的人不满意 5 分 / 次，不满意总分为 $316+5\times1=321$ 分。

如果电梯每一层都停，即停了 32 次，上下楼的所有人都满意，而在下面等的人不满意总分有 $5\times32=160$ 分。显然不满意程度低于前者。

3. 改进停靠方式。

能否改进电梯停靠方式，使不满意总分更小？

如果电梯连续三层都停，那么中间一层可以不停。因为这样做，减少了一次下面等候的人不满意的 5 分；而中间层的人往下走一层，只增加 1 分不满意。合起来减少了 4 分不满意。

如果电梯连续停三次，每次间隔 1 层，设为第 $m-2$、m、$m+2$ 层，那么第 $m-1$、$m+1$ 层的人各向下走一层，不满意各 1 分，下面等的人不满意 $5\times3=15$ 分，共 $2+15=17$ 分；如果再去掉中间一次，则 $m-1$ 层向下走一层，不满意 1 分，m 层的人向下走两层，不满意 2 分，$m+1$ 层向上走一层，不满意 3 分。但减少了一次下面等的人的不满意 5 分，总共 $1+2+3+5\times2=16$ 分。所以这中间一次也可以不停。

如果电梯连续停三次，每次间隔 2 层，设为第 $m-3$、m、$m+3$ 层，易算得不满意分数为 21 分；若去掉中间一次，则不满意分数为 23 分。可见，这时中间一层不能去掉。

因此，以每隔 2 层停一次，最为可取。

如果每两次停之间隔 3 层，怎么样呢？间隔 3 层，不如间隔 2 层效果好。理由如下：在 12 层之间，每隔 2 层电梯停 1 次，只可以停 3 次，不满意分数为 27 分；若间隔 3 层电梯停 1 次，只可以停 2 次，不满意分数为 28 分。可见，电梯每隔 2 层停一次的不满意分数较小。

于是我们可以设计间隔 2 层电梯停机一次的方案（三种）如下：

（1）2，5，8，11，14，17，20，23，26，29，32；

（2）3，6，9，12，15，18，21，24，27，30，33；

（3）4，7，10，13，16，19，22，25，28，31，33。

方案（1）不满意总分为 88 分；方案（2）（3）不满意总分都是

86分。相比之下，方案（2）（3）为佳，它们比每层都停，或只停一次的方案要好。

十一、蝴蝶定理的巧证和引申——蝴蝶定理趣谈

1815年，西欧《女士与绅士日记》杂志上刊登一道数学证解题（见书末参考文献[10]P640），引起人们广泛兴趣。题目如下：如图5-11-1，过圆中弦 AB 中点 M 任作二弦 PQ、RS，设它们分别交圆于 P、Q、R、S。连接 PS、QR，分别交 AB 于 E、F，证明 $EM=FM$。

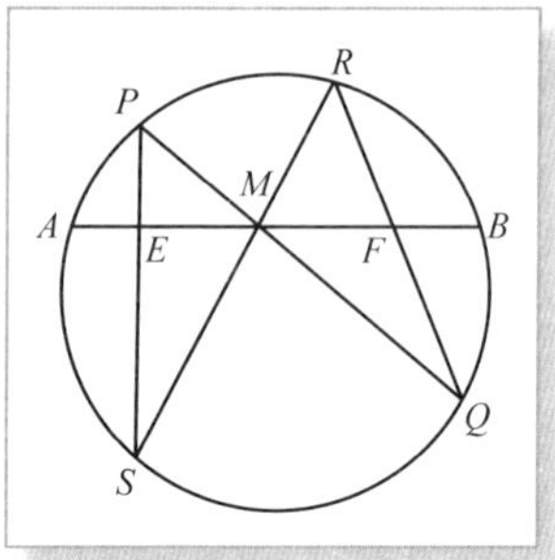

图 5-11-1

从图形上看，好像一只飞翔的蝴蝶，所以人们就把它叫作“蝴蝶定理”。

这是一个看似漂亮，却有一定难度的有趣的几何题。

据说第一个证明者，是英国的一个中学数学教师——霍纳（W. G. Horner, 1788—1837）；他也是欧洲第一个提出多项式数值解法的数学家，他所发明的多项式数值解法，在欧洲被称为“霍纳法则”。该方法早在宋代就已经被中国数学家贾宪首先发现，当时被称为“增乘开方法”。

不过霍纳最初证明蝴蝶定理的方法很烦琐，与该定理的优美形式很不相称，很快就被新的较简洁的证明方法所代替。

自20世纪70年代以后的20年中，我国数学家和数学教师，

以及数学爱好者，对该定理很感兴趣，发现了多种有创意的证明方法。这里介绍几种。

[证法一]（严济慈证法）

如图 5–11–2 过 S 作 $SS' \parallel AB$，交圆于另一点 S'。过 M 作 $MT \perp SS'$，由圆的对称性得：$MS=MS'$；$\angle RSS'=\angle MS'S$。连接 QS'，因 Q、R、S、S' 共圆，故$\angle RQS'+\angle RSS'=180°$。又因为 $SS' \parallel AB$，$\angle BMS'=\angle MS'S=\angle RSS'$，所以$\angle RQS'+\angle BMS'=180°$，从而 Q、F、M、S' 共圆。因此$\angle MS'F=\angle MQF=\angle PSR$，而有$\triangle SME \cong \triangle S'MF$（ASA），得 $EM=FM$。

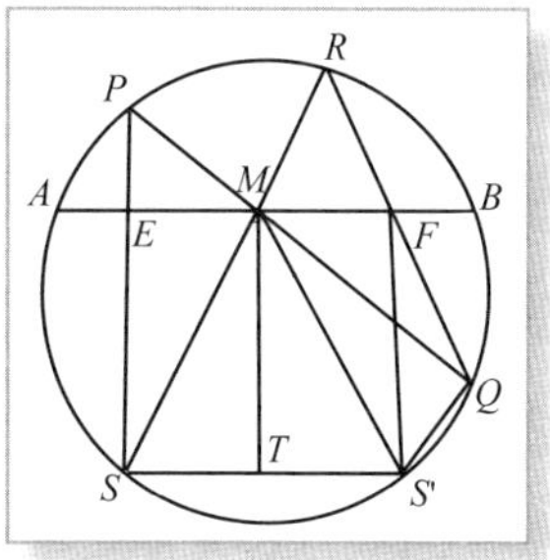

图 5–11–2

该证法是严济慈先生青年时期所做，写在了他的著作《几何证题法》（1928 年出版）中。

[证法二]（张景中三角形面积证法）

如图 5–11–3 设圆心 O，过 O 作 RS 和 PQ 的垂线，垂足分别为 D、C。又设$\angle RMF=\angle AMS=\alpha$；$\angle PMA=\angle QMB=\beta$，则由

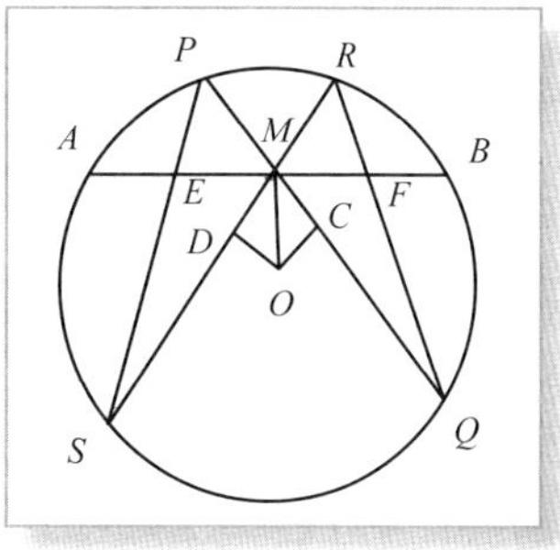

图 5–11–3

$$S_{\triangle RMQ}=S_{\triangle RMF}+S_{\triangle QMF}$$

$$=\frac{1}{2}MR \cdot MQ\sin(\alpha+\beta)$$

$$=\frac{1}{2}MR \cdot MF\sin\alpha+\frac{1}{2}MF \cdot MQ\sin\beta$$

所以有$\dfrac{\sin(\alpha+\beta)}{MF}=\dfrac{\sin\alpha}{MQ}+\dfrac{\sin\beta}{MR}$ （1）

同理有$\dfrac{\sin(\alpha+\beta)}{ME}=\dfrac{\sin\alpha}{MP}+\dfrac{\sin\beta}{MS}$ （2）

欲证 $ME=MF$，只需证明（1）与（2）式右边相等。而这等价于

$$\frac{MQ-MP}{MQ\cdot MP}\sin\alpha=\frac{MS-MR}{MS\cdot MR}\sin\beta$$

但由相交弦定理知 $MQ\cdot MP=MS\cdot MR$，故只需证明

$$(MQ-MP)\sin\alpha=(MS-MR)\sin\beta \qquad (3)$$

即可。由所作知，$MQ-MP=2MC$，$MS-MR=2MD$。

因此，又只需证明 $MC\sin\alpha=MD\sin\beta$，即

$$\frac{MC}{\sin\beta}=\frac{MD}{\sin\alpha} \qquad (4)$$

但因$\angle DMO=90°-\angle AMS=90°-\alpha$，而又 $\cos\angle DMO=\cos(90°-\alpha)=\sin\alpha$；同理，有 $\cos\angle CMO=\sin\beta$。

于是（4）式等价于$\dfrac{MC}{\cos\angle CMO}=\dfrac{MD}{\cos\angle DMO}=MO$

这当然成立。即证。

[证法三]（相似三角形法）

如图 5-11-4，过圆心 O 分别作 OC、OD 垂直 PS 和 RQ，垂足为 C、D。由$\triangle MPS\backsim\triangle MRQ$，知$\dfrac{PS}{MP}=\dfrac{RQ}{MR}$，从而

$$\frac{\frac{1}{2}PS}{MP}=\frac{\frac{1}{2}PQ}{MR}\Rightarrow\frac{PC}{MP}=\frac{QD}{MR}$$

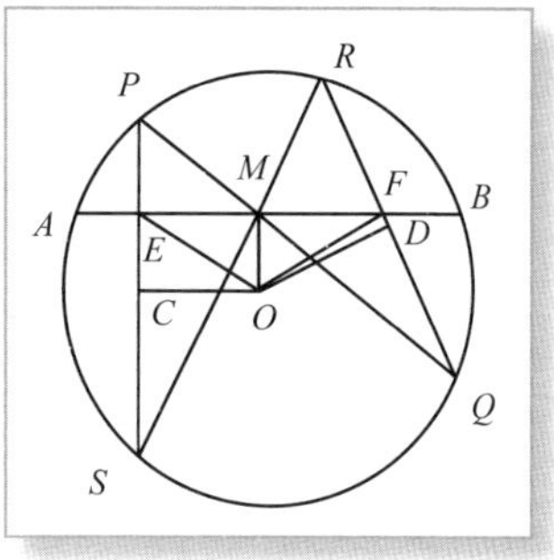

图 5-11-4

从而有△MCP∽△MDR，得∠MCP=∠MDR。而知∠MCE=∠MDF。但 C、O、M、F 与 D、O、M、E 分别共圆，而有∠MOE=∠MCE=∠MDF=∠MOF，即 OM 平分∠EOF；又因为 $OM \perp EF$，亦即在△OEF 中，顶角平分线与底边上的高重合，故知△OEF 为等腰三角形。因此底边上的高，也平分底边 EF，即 $ME=MF$。原题得证。

[证法四]（解析法）

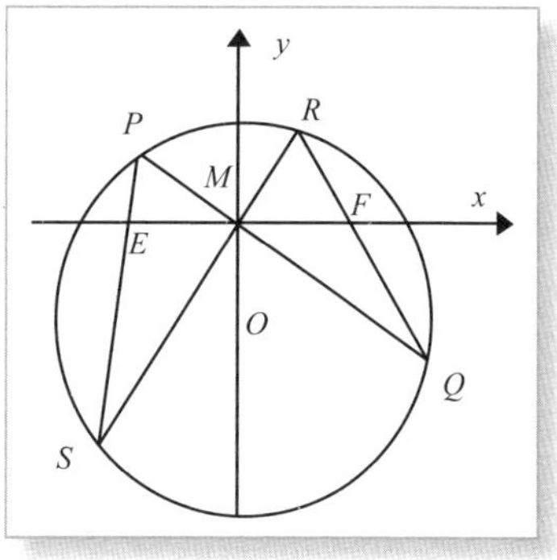

图 5-11-5

如图 5-11-5，以 M 点为原点，以 MF 为横轴正向，建立直角坐标系。设圆心坐标为 $O(0，-a)$，半径 r，直线 PQ、RS 方程分别为 $y=k_1x$、$y=k_2x$，则圆的方程为 $x^2+(y+a)^2=r^2$。

于是二直线 PQ、RS（视为退化二次曲线）与圆组成的曲线系方程 $x^2+(y+a)^2-r^2+\lambda(y-k_1x)(y-k_2x)=0$……（*）

就表示过 P、Q、R、S 四点的二次曲线族。

在（*）中，令 $y=0$，得二次方程

$x^2(1+\lambda k_1k_2)+a^2-r^2=0$……（**）

此即为曲线系与 Ox 轴的（两个）交点坐标应满足的关系。而因该二次方程的一次项系数为 0，故知其两个根关于原点对称。而这两个根，恰是 E、F 两点的横坐标。这正说明 E 与 F 的横坐标为相反数，其绝对值相等。亦即 $ME=MF$。原题结论得证。

这个解析证明，充分利用代数与几何的形数巧妙结合，简单明了，的确称得上是奇思妙想。

该定理的奇妙，不仅是它的证法多样化，而且它还有多种奇妙的推广和变化。

推广一，将 AB 中点 M 推广到一般位置，看结论有何变化。我们有以下命题：

命题 1.（坎迪定理）圆 O 中，设 M 为弦 AB 上的任意一点，过 M 任作二弦 PQ、RS，分别交 AB 于 E、F，则

$$\frac{1}{AM}-\frac{1}{BM}=\frac{1}{EM}-\frac{1}{FM}$$

显然，若 M 为 AB 中点，那么就是蝴蝶定理。所以这是蝴蝶定理的推广之一。

推广二，将圆推广到二次曲线，得到：

命题 2. 设 AB 是某二次曲线（包括椭圆、双曲线和抛物线）的弦，M 为 AB 中点，过 M 任作二直线，交曲线于 PQ、RS，连接 PS、QR，分别交 AB 或其延长线上两点 E、F，那么 $ME=MF$。

推广三，我们还可以进一步把二次曲线推广到退化的两条直线——相交或平行的两条直线。得到：

命题 3. 设 l_1、l_2 是两条相交直线或平行直线（图 5-11-6、5-11-7）。A、B 分别在此二直线上。M 为 AB 的中点。过 M 任作二直线，分别交 l_1、l_2 于 P、Q、R、S 四点，连接 PS、QR，交 AB 或其延长线于 E、F，那么 $ME=MF$。

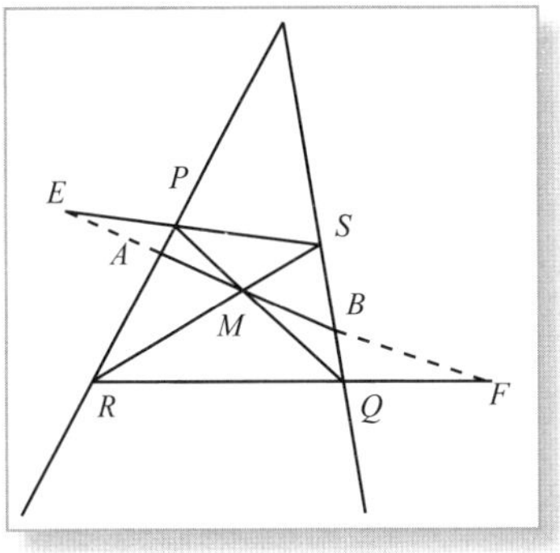

图 5-11-6

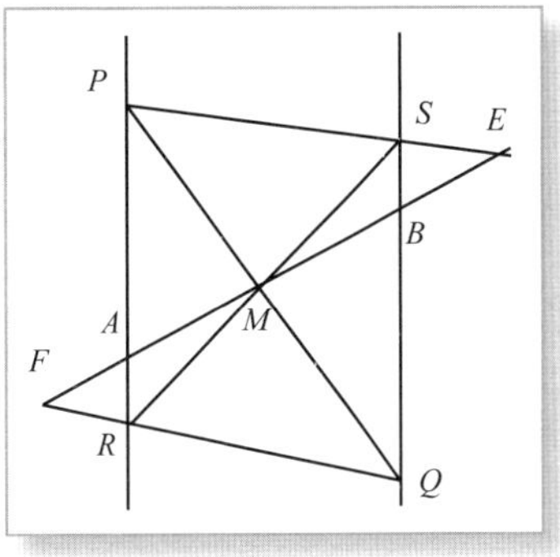

图 5-11-7

推广四，将蝴蝶定理再进行推广，把原题中的圆，推广到特殊四边形——筝形，得到：

命题 4.（1990 年中国数学奥林匹克选拔赛试题）在筝形 $ABCD$ 中，M 是 AC 的中点，过 M 任作二直线 PQ、RS，分别交 AC 于 E、F，证明 $ME=MF$。

关于推广的命题 3、4，仿照前述证法四的解析证明方法，比较容易。这里就不重复了，留给读者去思考。

你读了以上有关蝴蝶定理的种种巧证和引申推广，是否觉得这只蝴蝶已经飞进了你的心头？

十二、一题多解，奇思妙想

数学解题不在于数量多，而在于选择好题，在解题的思路、方法上多下功夫。抓住一个问题，从多角度、多视角、多思路上去发掘解答的途径和方法。做到一题多解，一题多想，一题多用。

通常学生拿到一个题目，想出一种方法做出来了，就完事了。

不去追求解答的繁简，不去考虑解法的优劣。其实，首先想到的解法未必就是最好的方法。好的解法往往在反复思考之后才能够得到。所以我们要求学生在得到题目的解答之后，应该要好好地想一想：还有更好的方法吗？努力使解法更简单，更优美。

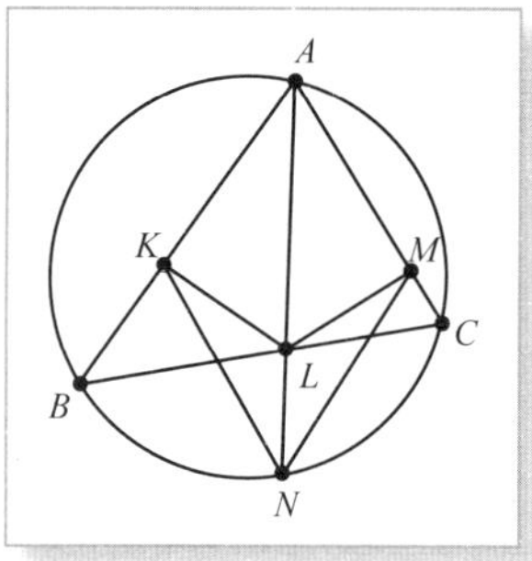

图 5-12-1

例 1.（IMO-28）如图 5-12-1，锐角△*ABC* 中，*A* 角平分线 *AL* 交外接圆于 *N* 点，过 *L* 作 $LK \perp AB, LM \perp AC$，垂足分别为 *K*、*M*，求证：四边形 *AKNM* 面积等于△*ABC* 面积。

分析和证明：这是一道不算太难的几何证明题。

证明的思路很多——割补法、面积公式计算、等积变换法等。

证法 1.（割补法 1）如图 5-12-2，比较四边形 *AKNM* 与△*ABC*，有共同部分——四边形 *AKLM*。对其余不重合的部分进行等积变形：过 *N* 点分别作 $NS // LK$，$NT // LM$，分别交 *AB*、*AC* 于 *S*、*T*。 则△*NKL* 与△*SKL* 等 积；△*NLM* 与△*TLM* 等积。

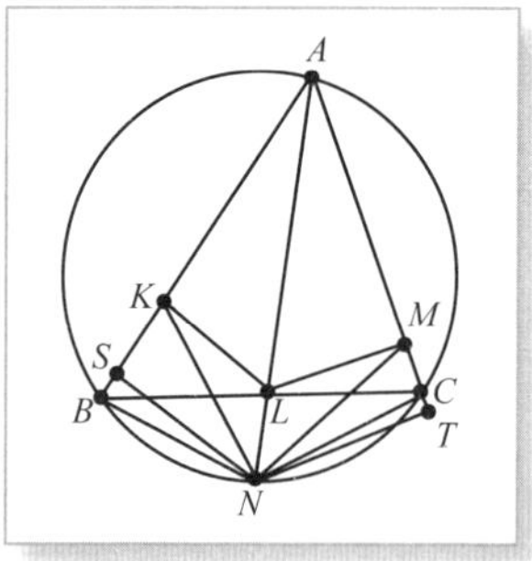

图 5-12-2

如果剩下的部分——△*BSL*（多出的）与△*CTL*（不足的）等积的话，问题就解决了。即问题变成证明：$S_{\triangle BSL}=S_{\triangle CTL}$。

因为 *L* 在∠*A* 平分线上，它到 *AB*、*AC* 的距离相等，故只需要证明两三角形的底边相等，即只要证明 $BS=CT$ 即可。而这可以通过证明$\triangle BSN \cong \triangle CTN$得证。

因为这是两个直角三角形，有$NB=NC$，$NS=NT$。故问题得证。

这个证明方法，是否最好呢？有没有更为简单明确的方法呢？——有。

证法2.（割补法2）如图5–12–3，四边形$AKNM$与$\triangle ABC$公共部分为$\triangle AKM$，对其余部分进行变换和割补：过N作MK的平行线，交圆于另一点A_1，连接A_1K、A_1M，则$\triangle NKM$与$\triangle A_1KM$等积。再连接A_1L、A_1B、A_1C，则因四边形$AKNM$是菱形，知对角线$AN \perp MK$，而$NA_1 \parallel MK$，故亦有$AN \perp NA_1$，故知AA_1是圆的直径。因此$\angle ABA_1$与$\angle ANA_1$都是直角，即A_1B与LK垂直于AB；A_1C、LM都是AC垂线。

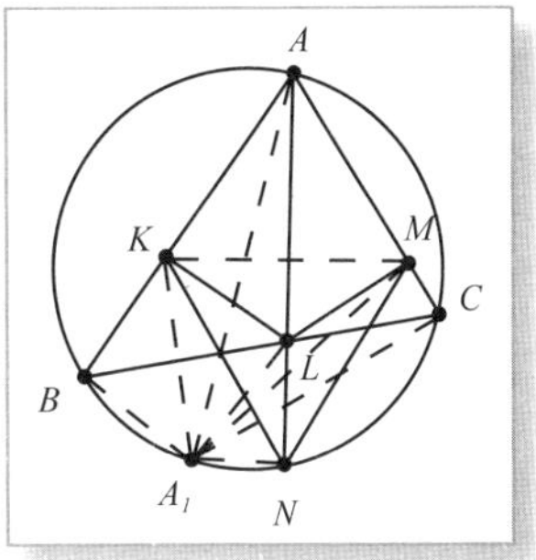

图5–12–3

从而$\triangle A_1KL$与$\triangle BKL$等积，$\triangle A_1LM$与$\triangle CLM$等积。又由于$\triangle LKM$是公共部分，于是，凹四边形A_1KLM分两部分，分别移到$\triangle ABC$中。最后达到割补的目的。结论得到证明。

上述证法，都是进行两次割补，才能证明二者等积。能够一次变换而达到证明的目的吗？——请看下面妙法：

证法3.（割补法3）如图5–12–4显然，因为$LK \perp AB$，$LM \perp AC$，所以四边形$AKLM$内接于圆，设其外接圆交BC于另一点R，连接RK、RM、RN。于是

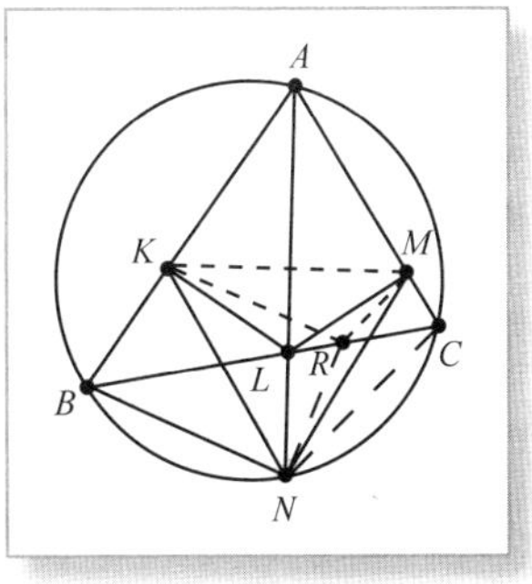

图5–12–4

$\angle KRL=\angle KAL=\angle CAL=\angle NBC$，而有 $BN \parallel KR$。同理可证 $NC \parallel RM$。

考虑二形相同部分四边形 $AKRM$ 以外的部分——凹四边形 $KNMR$，将其分为$\triangle NKR$ 与$\triangle NMR$，分别平行移动它们顶点至 B、C，则知它们分别与$\triangle BKL$、$\triangle CMR$ 等积。从而只此一次等积变换，就使四边形 $AKNM$ 与$\triangle ABC$ 等积。简便得多。

以上证明方法，都是设法进行等积变换和割补，达到所证目的。那么可以直接计算各自面积，证明二者相等吗？——可以。请看下面的证法：

证法 4.（面积公式计算）连接菱形对角线 KM，设$\triangle ABC$ 的外接圆的半径为 R，由正弦定理知

$$AN=2R\sin\angle ABN=2R\sin\left(B+\frac{A}{2}\right)$$

$$KM=AL\sin A\ (AKLM\text{共圆，}AL\text{ 为直径})$$

在$\triangle ACL$ 中由正弦定理，有 $AL=\dfrac{AC}{\sin\angle ALC\cdot\sin C}$

代入得 $KM=\dfrac{AC}{\sin\left(B+\frac{A}{2}\right)}=\sin C\cdot\sin A$

现计算菱形 $AKNM$ 面积：

$$\begin{aligned}S_{AKNM}&=\frac{1}{2}AM\times KM\\&=R\times AC\times\sin C\sin A\\&=AC\times\frac{AB}{2}\sin A\\&=S_{\triangle ABC}\end{aligned}$$

这是我国选手，一位女同学给出的新证法。多么简单，多么漂亮！

以上四种证明方法，以证法 3、4 两种为好。第三种想得巧妙，第四种做得轻松，最为可取。

到此为止，好像已经穷尽了所有证法，特别是后两种证明方法是那样漂亮，似乎不需要再挖空心思去想什么新办法了。其实不然。还有更加精巧简单的证明方法呢！请看一位中学生的奇思妙想：

证法 5. 如图 5-12-5，设$\angle A=2\alpha$，过 C 作 $CD\perp AN$，D 为垂足。则$\angle BAN=\angle CAN=\alpha$。

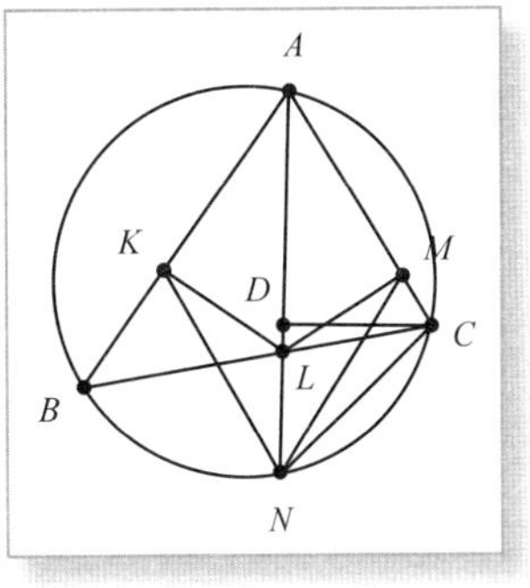

图 5-12-5

于是，$\triangle ABC$ 面积为

$$S_1=\frac{1}{2}AB\cdot AC\sin2\alpha$$
$$=AB\cdot AC\sin\alpha\cos\alpha$$
$$=AB\cdot(AC\cos\alpha)\sin\alpha$$
$$=AB\cdot AD\sin\alpha$$

菱形 $AKNM$ 面积为

$$S_2=2S_{\triangle AKN}=2\times\frac{1}{2}AK\cdot AN\sin\alpha=AK\cdot AN\sin\alpha$$

欲证 $S_1=S_2$，只需证 $AB\cdot AD=AK\cdot AN$ 或$\dfrac{AB}{AN}=\dfrac{AL}{AC}$即可。

但 $\mathrm{Rt}\triangle ACD\backsim\mathrm{Rt}\triangle ALK$，而有$\dfrac{AK}{AD}=\dfrac{AL}{AC}$，因此，只需证明$\dfrac{AB}{AN}=\dfrac{AL}{AC}\Leftrightarrow\triangle ABN\backsim\triangle ALC$ 即可。

而因$\angle BAN=\angle CAL$，$\angle ANB=\angle ACL$，故$\triangle ABN\backsim\triangle ALC$ 成立。即命题成立。

从这题的五种证明方法来看，以这一题为中心，把有关两个不同形状图形面积相等的各种证明方法都集中起来，沟通了各种方法之间的内在联系。而且将此类问题的证明思路，一一列举，加以分析和比较对数学知识的系统整理和有机联系很有好处，对数学解题方法的掌握更有好处。

例 2. 如图 5–12–6，正方形 $ABCD$ 中一点 E，使$\angle ABE=\angle BAE=15°$，求证$\triangle ECD$为等边三角形。

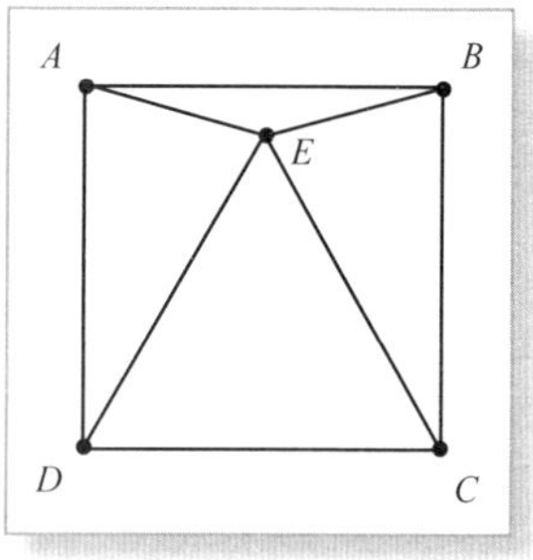

图 5–12–6

题说：这是一道传统的经典几何题，以往初中数学课本，都以此题作为说明如何使用“同一法”的例题。但是，若不用同一法，则不易想到综合证法。其实直接证明的方法很多。有人曾经列举出 20 多种证法，其中有几种颇有巧思，值得介绍。

欲证$\triangle ECD$为等边三角形，由于图形的对称性，$AE=BE$，$ED=EC$，所以，实际只需要证明 $ED=DC$ 或 $EC=CD$ 即可。

证法 1. 如图 5–12–7，以 BE 为边向内作正$\triangle BEF$，连接 FC。

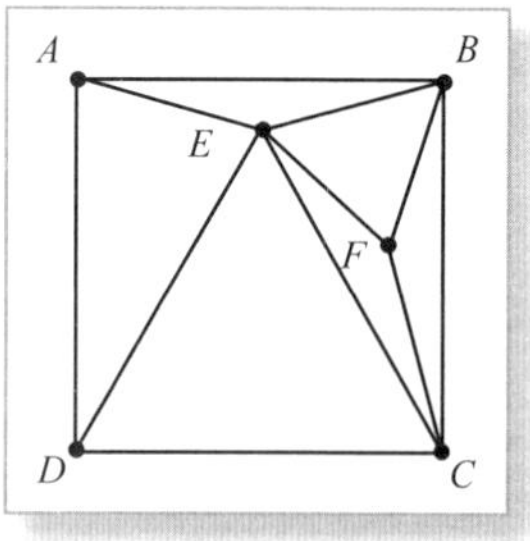

图 5–12–7

在$\triangle ABE$与$\triangle BCF$中，$BE=BF$，$AB=BC$，$\angle CBF=90°-60°-15°=15°=\angle ABE$，故$\triangle ABE\cong\triangle BCF$。从而有$\angle BCF=\angle BAE=15°$，$\angle BFC=180°-(15°+15°)=150°$；$\angle EFC=360°-60°-150°=150°=\angle BFC$，$CF$ 公用。因此，$\triangle BCF\cong\triangle ECF$，从而 $BC=EC=CD$，证毕。

证法 2. 如图 5-12-8，以 AB 为一边，向形外作正三角形 ABF，连接 EF 交 AB 于点 H。则因$\triangle ABF$与$\triangle ABE$皆为等腰三角形，根据三线合一性质易得 $EF\perp AB$，EF 平分$\angle AEB$。即知$\angle FEA=\angle FEB=75^\circ=\angle FAE=\angle DAE$，从而知 $FE\,/\!/\,AD$，且 $EF=FA=AD$，$ADEF$ 为平行四边形，而知 $AF=DE=AB=CD$，证毕。

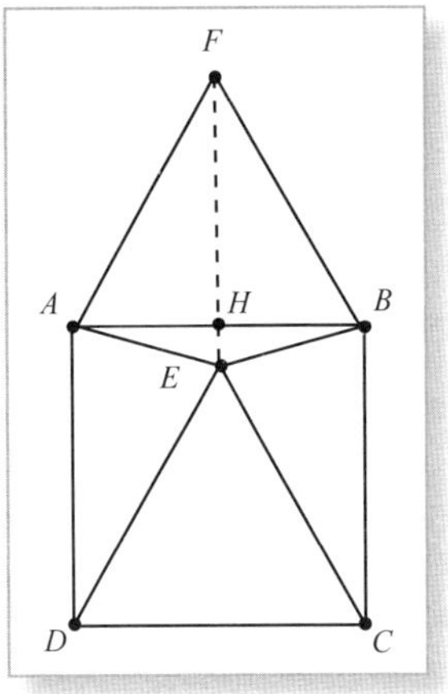

图 5-12-8

以上皆是构造正三角形，下面证法则用三角计算。

证法 3. 如图 5-12-9，设正方形边长 $AB=2$，过 E 作 AB、CD 垂线，分别交 AB、CD 于 F、G。由半角公式，知 $EF=AF\tan\angle FAE=AF\tan 15^\circ=\tan 15^\circ=\dfrac{\sin 30^\circ}{1+\cos 30^\circ}=2-\sqrt{3}$，由此知，$EG=FG-EF=2-(2-\sqrt{3})=\sqrt{3}$，因而 $\tan\angle EDG=\dfrac{EG}{DG}=\sqrt{3}\Rightarrow\angle EDG=60^\circ$，因此$\triangle ECD$是等边三角形。

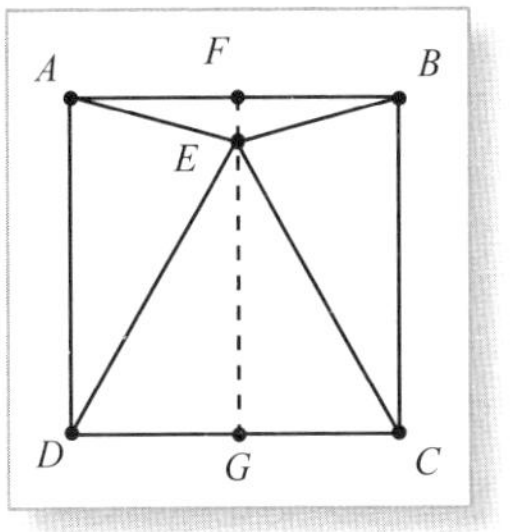

图 5-12-9

下面一种证明方法，另辟蹊径，用的是“四两拨千斤”之法，更为奇妙。

证法 4. 如图 5-12-10，设正方形一边长 $AB=2$。过 D 作 AE 垂线 DH，再过 E、H 作 AB 垂线分别交 AB 于 F、G。则$\angle ADH=15^\circ$，$AH=AD\sin 15^\circ$，$AG=AH\cos\angle HAG=AH\cos 15^\circ=AD\sin 15^\circ\cos 15^\circ=AD\dfrac{1}{2}\sin 30^\circ$，由此有 $AG=\dfrac{1}{4}AB=\dfrac{1}{2}AF$，即 G 为 AF 中点。

又因 EF、GH 同为 AB 垂线，故二者平行，因而知 H 也是 AE 中点。

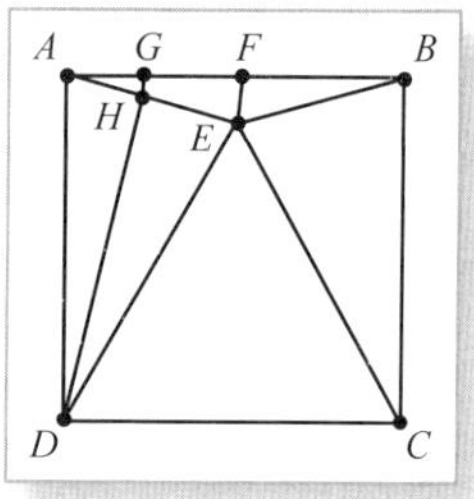

图 5-12-10

于是在$\triangle DAE$ 中，底边 AE 的高线 DH 也是底边的中线，从而$\triangle DAE$ 为等腰三角形，即证 $AD=ED=DC$。证毕。

奇巧吧！仅从 GH 计算起，发现 G 点是 AF 的中点，进而得知 H 是 AE 中点。于是证得$\triangle DAE$ 是等腰三角形，使问题得证。这真是奇妙！

以上两种三角证法，前者用到正切的半角公式，而后者只用到正弦的倍角公式，相比之下，后者更为简单。

其他还有不少好的证明方法，留给读者去想吧。

选择内涵丰富的好题，通过一题多解的研究，可以提高我们的发散思维能力，开拓想象空间，是培养学生数学学习兴趣的重要途径。

十三、表上作业解决逻辑问题的诀窍

数学的抽象性，使得问题的数学解决，很难有固定的模式和固定不变的方法。在运用数学方法时，有时要辅以其他非数学方法，特别是在寻求解决的思路时更是如此。例如有些逻辑问题，没有既定的思路，如果只靠逻辑推理，很难找到问题的切合点。在实际经验中，列表是个有效的好办法。请看下面这个问题。

例 1. A、B、C、D 四人赛跑，在比赛前，甲、乙、丙三人对他们的成绩进行预测：

甲预测：A——第一名，C——第三名；

乙预测：B——第一名，D——第四名；

丙预测：D——第二名，A——第三名。

比赛结果的名次，甲、乙、丙三人每人的预测皆一对一错，而且每个名次皆有人猜对。现问：A、B、C、D 四人的名次究竟如何？

解这类逻辑问题的一个有效的方法是列表法，并在表上进行操作。先将甲、乙、丙三人的预测资料输入表中（表 5–13–1）：

表5-13-1

	A	B	C	D
甲	1		3	
乙		1		4
丙	3			2

因为每人所猜名次一对一错，故甲所猜的 A——1，C——3 中有一个对，有一个错。哪个是对呢？

（1）假设 A——1 猜对（在表上画“√”），那么 C 就不是第三名（在表上画“×”）；A 也不可能是第三名，所以，丙猜 A 第三名——错（画“×”），则丙猜 D 第二名就应该对（画“√”）；那么 D 不可能是第 4 名（画“×”），于是 B 是第一名（画“√”）。到此表中有两个第一名，出现矛盾。所以这种假设不成立。这一过程被称为“表上作业”。所得表上作业的结果，如下表 5–13–2 所示：

表5-13-2

	A	B	C	D
甲	1√		3×	
乙		1√		4×
丙	3×			2√

可见，A 不是第一名。

（2）假设 C 是第三名，那么，A 非第一名；A 也非第三名，D 第二名；从而 D 非第四名，于是 B 第一名。如表 5-13-3 所示：

表5-13-3

	A	B	C	D
甲	1×		3√	
乙		1√		4×
丙	3×			2√

由此推得：B 第一名，D 第二名，C 第三名，A 第四名。

若问：如果甲、乙、丙三人中有两人全猜对，一人全猜错，那么最终名次如何呢？请有兴趣的读者，仿照前法予以推断。

例 2.（表演题）问题如下：

请您阅读下面的脚本，并在□内分别填写数字 1～5 中的某一个。

[脚本]

演员七人：教师 T 与学生 A、B、C、D、E 以及小明 M。

道具：A、B、C、D、E 每人手里拿一张纸片，上面分别写有数字 1、2、3、4、5，纸片上的数字只有拿它的本人看得到，小明对此一无所知。

表演：教师与学生 A、B、C、D 进行如下对话，小明则只在一旁听，并不插话。问答如下：

T 问 A：谁的数字最大？

A 答：不知道。

T 问 B：C 同学的数字比你的大吗？

B 答：不知道。

T 问 C：D 同学的数字比你的大吗？

C 答：不知道。

T 问 D：B 同学的数字比你的大吗？

D 答：—— ①是；②不是；③不知道。

T 再问 B：C 同学的数字比你的大吗？

B 答：不！

T 问小明：听了我与同学们的问答后，你知道各人纸片上的数字是什么了吗？

M：知道。他们纸片上的数字分别是：

A □；B □；C □；D □；E □。

T：很好！你说得对。

说明：这是日本的一道低年级学生数学奥林匹克竞赛题，是道很有意思的逻辑思维表演题。整个问题的文字很长，是在叙述一场数字游戏的全过程，而问题则含在游戏表演的过程之中，而要求的结果——在方格中填写适当的数字（1，2，3，4，5 中的某一个）。问题形式新颖，虽然是逻辑推理问题，但很有趣味性。我们可以用表上作业的方法来进行分析和解决。

分析和求解：在教师与学生 A、B、C、D 的问答中，隐含了如下信息：

（1）因为 A 不知道谁的数字最大，说明他的数字不是 5（否则他自己最大）；因为 B 不知道 C 的数字是否比他大，所以他的数字既不是 5，也不是 1；同理，C 的数字也不是 5 和 1。但是如果只将这些信息记在脑子里，便搅在一起，不能很好地利用这些信息进行下一步推理。现将这些信息填入表 5–13–4 中（如被否定，则在相应的格子里画记号“＼”），便能够方便地帮助我们进行进一步思考和推理：

表5–13–4

	A	B	C	D	E
1		＼	＼		
2					
3					
4					
5	＼	＼	＼		

（2）教师问 D，D 的回答有三种选择，分别来进行推理。我们的目的是，通过 D 的回答能决定出 D 手中卡片上的数字是几。

1. 若选①，则 B 的数字比 D 大。

在 D 知道 B 的数字已经不是 5 和 1 之后，说 B 的数字比 D 的大，可见 D 的数字只可能是 1 或 2。但究竟是 1 还是 2，不能判定，故不能由此决定 D 的数字。用两个问号填入表格中，如表 5–13–5：

表5-13-5

	A	B	C	D	E
1		＼	＼	?	
2				?	
3					
4					
5	＼	＼	＼		

2. 若选②，即 B 的数字不比 D 的大。

D 的数字只可能是 4 或者是 5，也不能断定究竟是什么数字。也用两个问号填入表中，如表 5-13-6：

表5-13-6

	A	B	C	D	E
1		＼	＼		
2					
3					
4				?	
5	＼	＼	＼	?	

3. 若选③，即 D 不知道 B 的数字与他的数字哪个大，因此前面两种情况都不可能，所以 D 的数字不是 1、2，也不是 4、5。这只有

一种情况：D 的数字是 3。如表 5–13–7 所填符号，便将 D 的数字为 3 确定下来。

表5–13–7

	A	B	C	D	E
1		＼	＼	＼	
2				＼	
3				√	
4				＼	
5	＼	＼	＼	＼	

当教师再问 B“C 的数字比你的大吗？”时，B 已经知道 C 的数字不是 1、5，D 的数字是 3 后，得到了否定回答，这说明 B 的数字比 3 大，必然是 4；于是 C 的数字必是 2，而 A 只能是 1；剩下的 5，就只能为 E 所有。在表上作业（画记号“＼”或“√”）的最后结果，如表 5–13–8 所示。

表6–13–8

	A	B	C	D	E
1	√	＼	＼		
2			√		
3				√	
4		√			
5	＼	＼	＼		√

于是小明推断出了所有人卡片上的数字，依次是：A——1，B——4，C——2，D——3，E——5。

读者试想：如果不用列表，只凭推理，事情就会变得很复杂，理不清思绪。列表的目的，就是能够将我们每步推理的结果记录在表里，帮助我们进行下一步的推理。这便使推理容易进行了。

十四、序方，数字图阵新玩法

2002 年，国际数学家大会在我国召开时，著名数学家陈省身先生为青少年数学爱好者题词——“数学好玩”，这对我们广大数学教师来说，有很大的启发。因为只有使得青少年学生觉得数学“好玩”，才能对它有学习的兴趣；只有对它有兴趣，才能主动地、积极地学习它。怎样才能使学生觉得数学好玩呢？除了联系实际把课本上的数学知识讲得生动有趣以外，还要不断发掘数学中有趣的题材，使其成为动脑筋的数学游戏。序方和序方分块问题，就是这样一种新的有趣的发展性的数学问题。

2002 年澳大利亚数学竞赛有这样的一个问题：如图 5-14-1，将三阶序方分成 3 块，每块数字之和（该块的值）都是 15；而且每块数字都连成一整块（连通块）。

请注意，这里所说的“序方”，不是常说的“幻方”。

1	2	3
4	5	6
7	8	9

图 5-14-1

三阶“序方”虽然也是由 1，2，…，9 这九个不同数字组成的数字图阵，但是其中数字的排列，是顺序排列的，没有要求每行、每列数字之和相等。在数学上，相似与相同，有天渊之别。序方与幻方，只是形式上相似，但无论在性质上，还是“玩法”上，都有根本区别。

但是，由“序方”出发，产生的数学问题，却是很有趣的新问题：要把这九个数字所在方格，划分为三块（连通的整块），使得每块所含的数字和相等。

对于三阶“序方”来说，分三块，是个比较简单的问题，只要仔细想一想，便能得出答案：三块的数字组成是 [6，9],[7，8],[1，2，3，4，5],（如图 5-14-2）这三块都是连通的，而且数字和都等于 15。

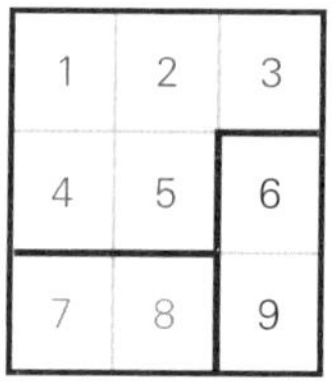

图 5-14-2

如若序方的阶数增多（如图 5-14-3、5-14-4），提出同样的问题，就不那么简单了。一般地，n 阶序方是：由 n^2 个正整数 1，2，3，…，n^2，按照自然顺序，排成 n 行 n 列的正方形数字图阵。玩法是：将 n 阶序方分成 m 个连通块，使其中每块数字之和相等。这称为“序方等值分块问题”。

1	2	3	4
5	6	7	8
9	10	11	12
13	14	15	16

图 5-14-3

1	2	3	4	5	6
7	8	9	10	11	12
13	14	15	16	17	18
19	20	21	22	23	24
25	26	27	28	29	30
31	32	33	34	35	36

图 5-14-4

序方等值分块问题，是数学家 Dijiswa 提出来的，被称为“Dijiswa Square”。

关于 n 阶序方等值分块问题，有两点值得我们注意：

第一，这是一个开放性的数学问题。一般说来，n 阶序方不一定都能够进行等值分块；如果可以等值分块，也可能有多种等值分块法。

其二，序方分块中的每一块，尽管可以形状各异，但要求都是要连通，亦即同一块的所有数字都彼此相连。

为方便起见，我们将 n 阶序方分成等值块的块数 r，称为序方的“商”；这时每一块的值，称为该序方的“r 商块值”。例如，四阶序方只能分为 2 个等值块，即四阶序方的“商”只能取 2，商值为 68。但是其分法不是唯一的。例如，有下面三种不同的分法（图 5-14-5 至 5-14-7）：

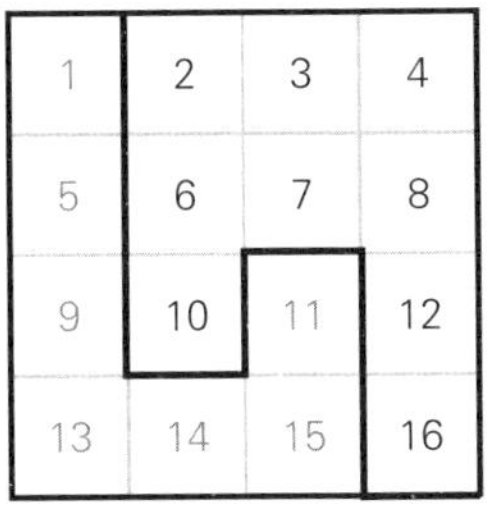

（1）[2，3，4，6，7，8，10，12，16] 为一块，其余数字为另一块。

图 5-14-5

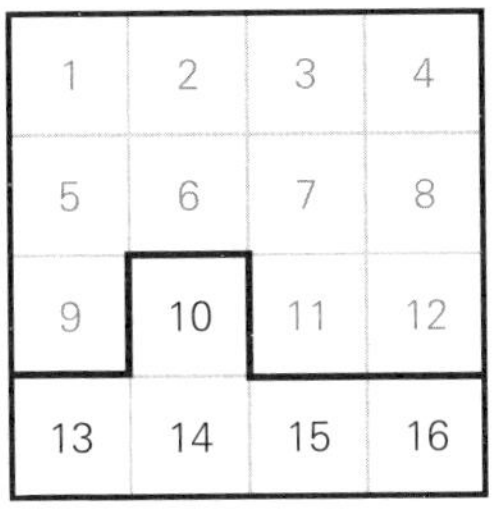

（2）[10，13，14，15，16] 为一块，其余数字为另一块。

图 5-14-6

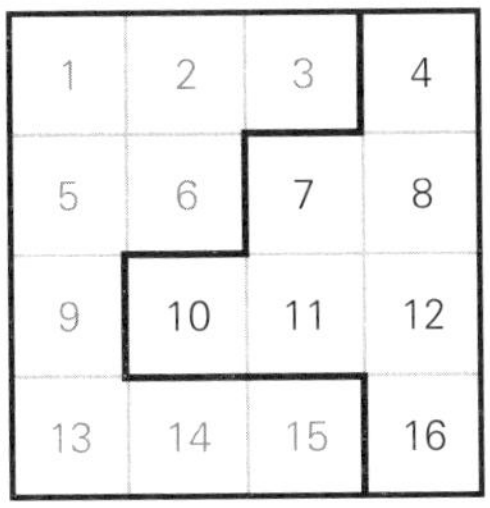

（3）[4，7，8，10，11，12，16] 为一块，其余数字为另一块。

图 5-14-7

这样的分块法，是怎么发现的呢？——先盯住最大数字，看与它相邻的数字之和，若不足数，再向外扩展开来寻找合适的数字。到临近商值时，再进行调整：若不足数，则以小换大；若多余时，则以大换小。当然需要照顾到整块的要求。

但并不是任何阶的序方都能够进行等值分块。例如，五阶序方（图 5–14–8）则不能进行任何等值分块。事实上，五阶序方中所有数字之和为 13×25=325，如果可以等值分块的话，只能分为 5 块、13 块或 25 块；5 块的值是 65，13 块的值是 25，25 块的值是 13。但是 25 与其邻近的几个数字之和，都不可能为 65，因此含有 25 的一块，它的值无论如何都不可能是 65，更不可能是 13。同样，含有 24 这一块的值也绝不可能是 25。

1	2	3	4	5
6	7	8	9	10
11	12	13	14	15
16	17	18	19	20
21	22	23	24	25

图 5–14–8

而六阶序方可以分成 3 个等值块，等值块的商值为 222。有很多种分块方法，例如下面的三种分法（图 5–14–9 至 5–14–11）：

第一种分法

1	2	3	4	5	6
7	8	9	10	11	12
13	14	15	16	17	18
19	20	21	22	23	24
25	26	27	28	29	30
31	32	33	34	35	36

图 5–14–9

（1）[3，4，5，6，8，9，10，11，12，14，15，17，18，24，30，36]；

（2）[28，29，31，32，33，34，35]；

（3）[1，2，7，13，16，19，20，21，22，23，25，26，27]。

第二种分法

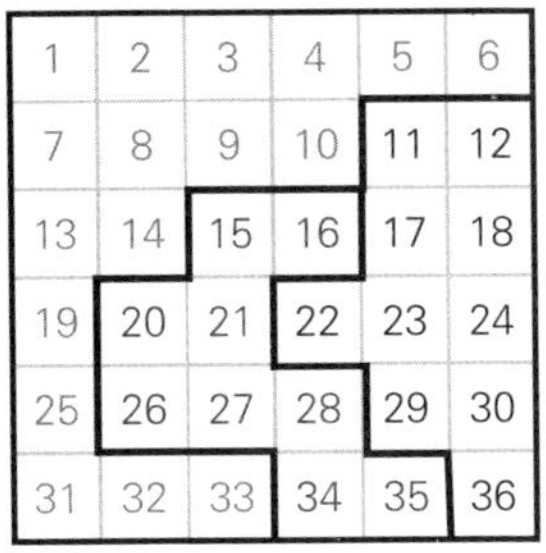

图 5-14-10

（1）[11，12，17，18，22，23，24，29，30，36]；
（2）[15，16，20，21，26，27，28，34，35]；
（3）[1，2，3，4，5，6，7，8，9，10，13，14，19，25，31，32，33]。

第三种分法

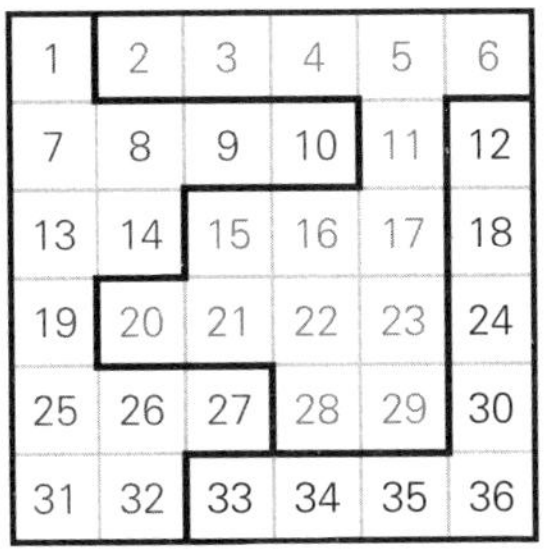

图 5-14-11

（1）[12，18，24，30，33，34，35，36]；
（2）[1，7，8，9，10，13，14，19，25，26，27，31，32]；
（3）[2，3，4，5，6，11，15，16，17，20，21，22，23，28，29]。

除此以外，可能还有别的分法。请读者试着去寻找。

我们还可以进一步提出以下问题：有多少种方法将六阶序方分成 3 个等值块？可以将六阶序方分成 2 个等值块，使每块的值都是 333 吗？可以将其分成 6 个等值块，使每块的值都等于 111 吗？等等。

下面我们来讨论八阶序方的等值分块问题。

因为八阶序方所有数字之和是 2080，所以八阶序方如果可以等值分块的话，可能存在多种分块法，如下表 5-14-1 所列：

表5-14-1

商	2	4	5	8	10	13	16	20	26	32
商块值	1040	520	416	260	208	160	130	104	80	65

（商小于商块值）

下面我们只讨论商数为 4 的情况。这时的商块值为 520。下面给出两种分法（图 5-14-12、5-14-13）：

第一种分法

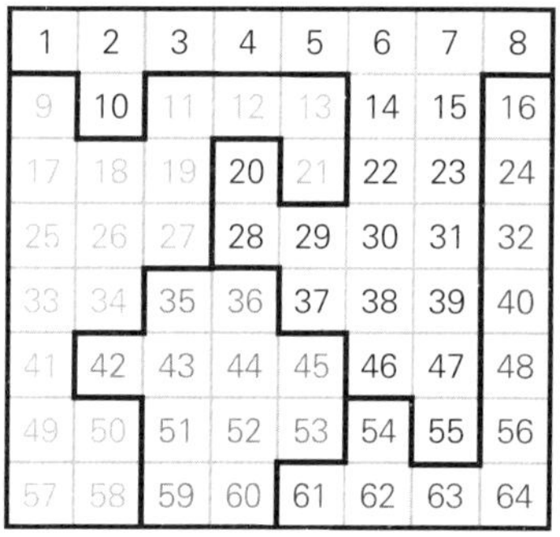

图 5-14-12

（1）[1，2，3，4，5，6，7，8，10，14，15，20，22，23，28，29，30，31，37，38，39，46，47，55]；

（2）[16，24，32，40，48，54，56，61，62，63，64]；

（3）[35，36，42，43，44，45，51，52，53，59，60]；

（4）其余各数。

第二种分法

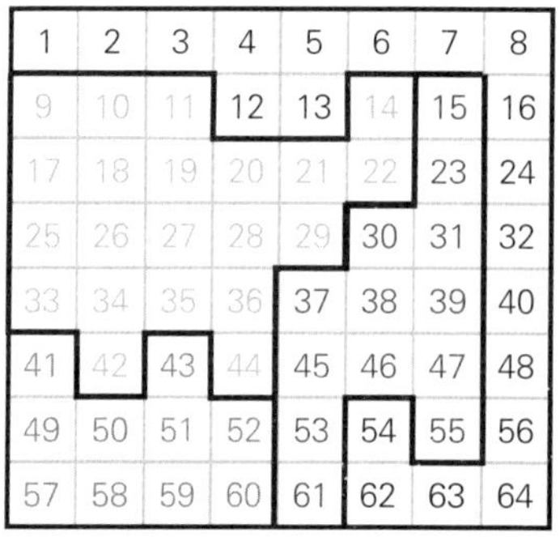

图 5-14-13

（1）[1，2，3，4，5，6，7，8， 12，13，16，24，32，40，48，54，56，62，63，64]；

（2）[15，23，30，31，37，38，39，45，46，47，53，55，61]；

（3）[41，43，49，50，51，52，57，58，59，60]；

（4）其余各数。

再讨论商数为2的情况，等值块只有两块，等值块的商值为1040。我们只给出一种解（图5-14-14）：

1	2	3	4	5	6	7	8
9	10	11	12	13	14	15	16
17	18	19	20	21	22	23	24
25	26	27	28	29	30	31	32
33	34	35	36	37	38	39	40
41	42	43	44	45	46	47	48
49	50	51	52	53	54	55	56
57	58	59	60	61	62	63	64

图5-14-14

（1）[10，11，12，14，15，18，19，20，21，22，27，28，29，30，35，36，37，38，42，43，44，45，46，51，52，53，59，60，61，62]；

（2）其余各数。

除此以外，读者还能够给出其他的分块方法来吗？

关于序方，还有其他类型的问题，例如，定值异型块的存在问题。所谓“定值异型块”，就是给予和数为定值的整块区域是否存在。如在八阶序方中，是否存在块值为100的连通的整块区域？作为发展性问题，读者可以自行研究。

第六章　数学美对于创新型教育的意义

一、何谓创新型教育

（一）震惊世界的“王氏攻击”及刘路的故事

2004年8月17日晚，在美国加州圣芭芭拉召开的国际密码协会特别安排的三场科学报告会上，最后登台的报告人，是来自中国的王小云教授。她在报告中宣布了她及她的研究小组近年来的研究成果——对MD5、HAVAL-128、MD4和RIPEMD等四个著名密码HASH函数算法的破解结果。当公布到第三个成果的时候，会场已经是掌声四起，报告不得不一度中断。报告结束后，与会专家对他们的突出工作报以长时间热烈的掌声。部分学者更是起立鼓掌致敬，这在国际密码学学术会议上是少见的盛况。

仅仅过了6个月，2005年2月15日，在美国召开的信息安全（RSA）大会上，包括Adi Shamir、Ronald L. Rivest（2002年图灵奖得主）和Whitfield Diffie（2015年图灵奖得主）在内的五位顶级密码学家，共同宣布了王小云教授关于SHA-1破解的最新成果，再次震惊了世界密码界。

为什么王小云的研究成果令世人如此震惊呢?

其一，多年以来，MD5和SHA-1是国际上公认的最安全、最先进、应用范围最广泛的两大HASH函数算法。密码界专家认为MD5密码算法是无人可以破解的。因为破解它的运算量须达到2的

80 次方。即使采用现在最快的巨型计算机，也要运算 100 万年以上才有可能破解。但王小云和她的研究小组用普通的个人电脑，几分钟内就可以找到有效结果。而且据王小云自己说，她破译密码的计算，主要不是用计算机计算，而是多半用手工，用笔在纸上计算出来的！这使得许多外国密码学家和数学家大吃一惊。他们惊呼：已经不能用“天才”来形容王小云的神奇，只能把王小云称作“神人”“天人”！

其二，这两种密码的破译，给全世界的网络信息安全带来巨大的冲击。今天全世界的金融、证券、计算机网络等系统中身份认证与登录系统、消息来源的合法性认证、众多的可证明安全密码系统，以及备受关注的区块链等新兴密码应用技术，都依靠密码的安全作保证。而这两种密码，被认为是最为安全可靠的、应用最为广泛的。

例如，全世界几十亿人，一般认为没有两个人的指纹完全是相同的。因此，在很多场合，就把人的指纹作为事务责任人的认证根据。其实，并非如此。在全世界，存在两个人的指纹完全相同，只是人们很难找到这两个指纹完全相同的人。而运用王小云的破译方法和计算技术，能够在很短的时间里，迅速找到指纹相同的两个人。这是多么可怕的情况！

王小云这个“天人”，在最近十几年里获奖无数。2017 年被选为中国科学院院士，又于 2019 年 9 月 7 日，获得我国设立的奖金最高的，并有中国“诺贝尔奖”之称的“未来科技大奖”，奖金为 100 万美元。

由于王小云教授对MD5和SHA-1的破解，证明了电子签名是可以被有效伪造的，设计更为安全的密码HASH函数标准迫在眉睫。以致美国国家标准与技术研究所（NIST）不得不专门举办了两次研讨会，以应对两大算法被破解带来的安全威胁，并于2006年出台了新的HASH函数使用政策。2007年NIST在全球范围内启动了设计HASH函数新标准的五年工程。

作为最棒密码学家的王小云，她的“密码梦”里有一颗爱国心。

她曾表示：“密码理论与技术是网络安全的核心，网络安全离不开密码，以密码技术为基础支撑。密码学家的使命就是为保护网络与信息安全，提供安全高效的密码算法。因此，密码学家的主要职责：一方面是设计出安全高效的算法；另一方面是分析正在使用的密码算法的安全性，一旦发现漏洞，立即设计新的能够抵御最新攻击的密码算法。密码学正是遵从这样一种编破对抗和循环往复的方式发展和进步。”

2005年起，王小云带领国内专家全力为我国设计了第一个HASH函数算法标准SM3。经过国内外密码专家的评估，其安全性得到高度认可。该算法获国家发明专利1项，并被纳入我国30多个行业规范中，经国家密码管理局审批的含SM3的密码产品达千余款，涵盖了我国金融、电力、社保、教育、交通、电子政务等重要领域。受SM3保护的智能电网用户有6亿多，含SM3的USBKey出货量超过10亿张。目前SM3已在高速公路联网ETC中广泛使用，并且在全国教育信息系统、居民健康卡、社保卡、工业控制系统等领域广泛推广使用。该算法还支持国际可信计算组织（TCG）发布的可信平台模块库规范（TPM2.0）。她设计的加密算法，用于国家重大航天工程，为保障航天安全通信做出了重要贡献。

这是第一个故事。第二个故事，是我国一个青年科学家成才的故事。

据《湖南日报》报道，2012 年 3 月 20 日，长沙的中南大学校长、中国工程院院士张尧学向外界正式宣布：聘请该校数学与统计学院刚毕业不久的本科生刘路为教授级研究员，并奖励 100 万元，作为对他的鼓励。而这位由本科生直接被聘为教授的刘路，当时还不满 23 岁（距他的生日 4 月 2 日还有 10 多天）。就是这个刘路，在读大三的 2010 年，破解了世界数理逻辑的一个难题——“西塔潘猜想”，震惊了整个数学界。那么，这个刘路是何许人也?

2011 年 5 月，北京大学、南京大学和浙江师范大学在杭州联合召开逻辑学术会议。在一些专家共同提议下，还在读大三的刘路，被临时请到会场作报告，报告他对“西塔潘猜想”的研究成果。他对这个已经有 16 年未被破解的猜想，给出了反例，予以否定的结论，解决了这个困扰世界数理逻辑界十数年的难题，使台下听讲的一批数学家大为震惊。

就在这一年的 9 月 16 日，刘路被邀请出席在美国芝加哥大学举行的世界数理逻辑学术会议，作 40 分钟的大会报告，报告他破解“西塔潘猜想”的研究成果。刘路成了这次学术会议上唯一参加并作大会报告的亚洲学者。

“西塔潘猜想”是英国数理逻辑学家西塔潘于 20 世纪 90 年代提

出的，关于反推数学中的拉姆齐二染色定理的证明论的一个猜想。10多年来，国际上许多数学家一直努力研究，想给出一个证明，但都未解决。

反推数学是数理逻辑的一个新的分支。国内目前只有南京大学对此有相当研究。从刘路接触这个问题到彻底解决，用了两个月时间。最后一天的夜里得以天开月朗，用自己改进的新方法，把这个难题破解。

不管怎么说，一个尚在读大学三年级的本科大学生，解决了世界级难题，确实是早熟的“数学天才”。

至于刘路为什么能在大学学习期间就破解世界级难题，那要从他的家庭和中小学阶段的学习情况来看：他从小就十分喜欢数学，而且是“带学带玩”地学习，把解难题当做“智力游戏”来玩。这就是他早期“创新型学习”的情况。对学生而言是创新型学习，而这需要有“创新型教育”的支持和保护。

（二）“天才”是这样产生的

王小云和刘路，之所以能够在很年轻的时候，就获得震惊世界的科研成就，是因为他们少年时代的教育，包括家庭教育，有独特之处，他们都接受了非常规教育途径，或者说是“创新型教育”。

王小云是山东诸城人，她的父亲是物理教师，所以对他的五个孩子产生了潜移默化的影响，五个孩子在学习中，都对数理化感兴趣。王小云尤其对物理兴趣浓厚，在高中阶段，她的物理成绩，总是排在班级的第一名。当然她的数学也不错。1983 年高考时，王小云的物理没有发挥好，而数学却拿到满分的好成绩。因此她报考了山东大学数学系。

后来她在回答《数学文化》编辑的提问时说，之所以高考物理没有考好，反而数学考满分，其一，是与数学老师对她学习方法和考试做题先后次序的指导有关。她的数学解题能力相当强，解题速度也快，就是有点粗心大意，往往在前面的容易做的题目上失分，而后面的难题却很少有不会做的。因此，数学老师要她考试时，把前面的题目做完后，一定要仔细地看一遍，没有错误，再动手做后面的难题。那次高考，她这么做了，就没有发生容易题目丢分的情况。于是高考数学就得了满分。其二，是她要用数学的分数，弥补物理考得差的损失。

当时山东大学数学系主任是著名数学家潘成洞教授，教学科研能力很强。王小云本科毕业后继续读研，最后又成了潘成洞教授的博士研究生，并且在潘成洞的建议下，中途改变专业，由数学改学密码专业。毕业后，她留校任教。以她为首，一批年轻的学生和同事，一起在密码破译上下大功夫，终于破译了 MD5 和 SHA-1 这两大被国际上公认的最安全、最先进、应用范围最广泛的 HASH 函数算法。所以，王小云破译这两大密码的秘诀，在于她的数学功底深厚，是数学的成功。如果说她报考山东大学数学系，具有一定的偶然性，而她在读博士时，由数学转到密码学，则是她的导师潘成洞教授的建议。因为潘教授看出了王小云的数学领悟力特高，是学密码学的好材料。而实际上也确实如此，她有一种别人所不具备的数学直觉，在千头万绪的破解路线中，她能够凭数学直觉，一眼就看出哪几条路线有破译的可能。结果也证实的确如此。这证明她在数学方面有惊人的洞察力。

另外，王小云破解密码的方法与众不同，对王小云来说，电脑只是自己破解密码的辅助手段。更多的时候，她是用手算，手工设计破解途径。因为如果要完全用电脑的话，就必须要坐在电脑前，一动不动地盯住电脑。而不完全依靠电脑，主要依靠大脑，就能如她所说，可以边做家务，边动脑筋。一旦有了想法，找到思路，再来用电脑进行操作，将刚才的想法记录下来。这样一来，她的工作效率反而更高。所以，读书重在学会思考。“学而不思则殆”，学而又思，如何呢？学而又思则得！得到解决问题的关键所在。

至于刘路，从小聪明就不用说了。在小学，刘路基本是玩中带学，而中学则是边玩边学。他对于喜欢的理科课程，特别是数学，肯花时间钻研，经常找些课外数学书来读，找题目来做。而对文科课程则不大用功，甚至不去听课。所以尽管他的理科成绩很好，尤其数学非常突出，但文科成绩平平，甚至排在倒数。经家长和老师提醒，他在一次期中考试前，在40天里，集中精力在文科上下功夫，果然使得文科成绩大大提高，这使他信心大增。所以在高考时，总分超过省内分数线50多分。填志愿时，当然是选择与数学有关的专业。最终被中南大学数学科学与计算技术学院录取。

2010年，“数学奇才”中南大学大三本科生刘路破解了国际数学难题“西塔潘猜想”，震惊国际数理逻辑学界。2011年10月，学校特批刘路硕博连读，为其“量身打造”培养方案后，还将其作为青年教师后备人才，进入侯振挺数学研究院从事研究工作。刘路以其卓越的研究成果被提名为“2012 影响世界华人盛典——希望之星”，受邀参加在北京大学百年讲堂举行的颁奖大会。

根据中南大学校方的决定，刘路获得了 100 万元的奖励，其中 50 万元用于改善科研条件，50 万元用于改善生活条件。与此同时，学校决定破格聘请刘路为中南大学研究员，并由学校推荐其参加国家“青年千人计划”的评选。中南大学出台的政策，为杰出青年人才提供更好的平台，给予经费和生活保障，为优秀青年人才的成长搭建更广阔的发展空间，帮助那些有才华的青年人在中南大学实现梦想。

如此酷爱数学的刘路，在中学却并没有参加奥数学习和比赛。对此，他很有个性地说：“我不接受这种目的性太强的方式，我对数学的热爱，完全是因为这是我的兴趣所在。”他认为数学这门优美、简洁、智慧的科学，常常给他带来快乐。他说：“如果要给后进的学弟学妹一个学习方法的话，我只有一个想法，就是要重在兴趣，不要太在意考试分数。”

总之，王小云和刘路的学业和科研成就，既是受益于创新型教育，也揭示了创新型教育的特点。

所谓“创新型教育”，既是教育者新的教育理念的实施，也是受教育者自身素质的养成（包括家庭教育的熏陶）。那么，“创新型教育”与以前的通行教育究竟有何不同呢？

下面就来说说“创新型教育”的主要特征，及其实施的原则。

创新型教育是指以培养人的创新精神和实践能力为基本价值取向的教育实践，其核心是在全面实施素质教育的进程中，为了应对知识经济时代的挑战，着重研究和解决如何培养学生的创新意识、创新精神、创新思维、创新能力、创新素质等问题。因此，创新型教育是素质教育的一个重要组成部分，也是实施素质教育的切入点。在实际教学中，必须坚持素质教育的一个基本准则，即面向全体学生，全面提高学生的整体素质并以学生为主体，倡导个性化发展。

如今许多学校对学生过分强调整齐划一、循规蹈矩，忽视甚至压制有不同想法学生的个性发展。长期这样下去，何谈创造性的培养和发展？

由于“应试压力”的增大，教师在教学过程中利用一切时机一味地“强塞硬灌”，希望学生记忆并掌握更多的书本知识，而根本无暇顾及学生的承受能力及创新素质的培养。

教育是一把双刃剑，它既能培养、提升受教育者的创新素质，也能抑制、扼杀学生的创新思想和创新意识。关键看我们要创建怎样的教育体制，实施怎样的育人模式。对基础教育来说，创新型教育的根本任务就是要提高全民族的创新素质，为培养高层次创新人才打下广泛、深厚的基础。如何才能尽快实现这一目标呢？

创新型教育，需要有创新型教师。创新型教师除了需要具有强烈的事业心、责任感和真挚的教育情感，掌握先进的教育理论与方法，要有较强的教育科研能力、熟练运用现代教育技术的能力，更重要的是，要勇于开拓，善于创新和灵活机变，需要发现和尊重学生的兴趣所在，善于进行引导，善于组织管理和启发学生进行创造性学习。

对各地教育行政部门而言，应该积极创建适宜创新型教育生存发展的环境。不以分数论英才，不歧视和打压偏科学生，要对某科有特别兴趣、特殊专长的学生给予特殊指导，甚至为其“量身定制”教育方式方法，为其创造特别适合的教育环境和条件。就如中南大学对数学天才少年刘路所作的那样，为其“量身定制”特殊教育规划，在他大学本科还未毕业的情况下，根据其数学的研究能力和特殊表现，批准他“硕博连读”，并破格吸收为由侯振挺院士主持的“侯振挺数学研究院”的教授级研究员。其时刘路才 23 岁，但已成为我国最年轻的大学教授。中南大学前校长张尧学院士说：“我们这样做的目的在于，鼓励具有特殊才能的优秀拔尖人才的迅速成长。”

为了能够使具有某种特殊才能的青年学生接受更好的教育，要破除一些旧教育的陈规陋习和条条框框，对具有优秀品质的早熟人才苗子，要及早发现，跟进培养措施，为其“量身定制”特殊培养规划。例如允许成绩优秀的学生“跳级”，让他自己选择喜欢的课程和专业，让他提前跨进科研大门，使他有机会接触世界有影响力的大师们，在适当的场合（例如学术会议、国际数学会议）展示他的才能，增强他的自信心，提升他的创造精神。就如王小云、刘路那样，在国际学术会议上展示他们的数学成果。在震惊世界的同时，也鼓舞了自己。

就像在社会上“允许一部分人先富起来”一样，我们应该在教育上“允许一部分（少数）青年学生先冒出来”，成为科学技术领域的“未来之星”。如王小云和刘路，还有其他领域里的拔尖人才，都是在“宽松的教育环境下”先冒出来的科技新星。

所以，为了培养更多的创新型的“天才”和“奇才”，就必须要有“创新型教育”的支持、扶持和培养。

二、学校美育对于创新型教育的意义

美育即美学教育，是指培养学生认识美、体验美、爱好美和创造美的能力的教育，也称美感教育或审美教育，是全面发展素质教育中不可缺少的组成部分。通过美育可以促进学生的德、智、体的发展。它可以提高学生思想品德，发展学生道德情操；它可以丰富学生知识，发展学生智力，增进学生智慧；它还可以鼓舞学生热爱祖国悠久的历史文化，并进行创造性的劳动。

所以，学校（包括大中小学）实施美学教育，对于“创新型教育”的构建，是十分重要的措施之一。尤其是对学生的思想情感和人格修养上的作用，更是所有现有课程所不能够代替的。

“真善美”是全世界所有国家和人民共同的追求，是人类创造性活动和发明创造的激发器和催化剂。没有对“美”的认识和追求，是谈不上有什么创造性的。只有保持追求“更高，更强，更好，更美”的热情和执着之心，才能有所发现，有所发明，有所创造，有所前进。

丰子恺先生亦曾说：“人欲有五：食欲、色欲、知欲、德欲、美欲。”可见，审美的欲求是人的天性，也是生命品质的一部分。

学校美育，是需要有载体的，除了音乐、美术、体操、文艺等课程安排以外，还必须有一系列的美育实践活动相配合。如接触社会美丽风景，参加公益活动，寻访历史遗存，拜谒英气雄伟的纪念圣地等等。更为重要的还是，要在每种课程里，尽情阐发其中“美好”的内容，展示蕴含于知识中的“美”的元素和因素。这在人文课中，比较好做。因为像语文课、历史课、地理课、思想政治课等，其内容“美”的含量较多，内容比较丰富，故事也多，容易引起学生的兴趣。而在数理化课程中，“美”的元素和因素，则需要教师深入发掘。发掘出其中的“科学美”“技术美”和“数学美”来，积累对学生进行“美学”教育的素材和实例。

在课程教学中融入“美育”的措施，有以下一些：

（一）激发创新意识和创新精神

创新型教育的首要任务是激发学生的创新精神。而美育对于学生创新意识的激发作用，是知识课程所不具有的。因为审美意识中就包含了创新的意识。所谓“新奇”，就是审美的重要标志，是创新精神的内涵。

因为在我们中小学的各种课程教材里的知识，都是以前人类早已知晓和掌握的知识，对于学习过的老师来说，或许已无新奇之处。而对于学生来说，则是从未接触过的新知识。如果教师能够从新颖的角度，用生动而富有诗意的语言，用讲故事的方法，把课程内容讲述出来，就能够收到对学生进行美学教育的效果。

（二）激励创新兴趣

孔夫子关于学习方法曾说过：知之者莫如好之者，好之者莫如乐之者。就是说：学习的最好方法，是以快乐的心情学习，把学习当做一件快乐的事情。通俗地说，即要使学生对学习发生兴趣，甚至浓厚的兴趣。

人们对于学习，有主动学习与被动学习之别。学生主动学习，则学习效果显著，而且越学越想学；而被动学习，则学习效果较差，甚至会想放弃学习。前面所说过的“数学天才”刘路，就是因为对数学“情有独钟”，甚至于达到痴迷的程度，才能在两个月里，日夜钻研，终于灵感忽现，找到破解“西塔潘猜想”的钥匙。如果不是对数学的浓厚兴趣使然，少年刘路，是不可能坚持那么长时间，不间断地深入思考一个孤独的数学难题的。刘路后来自己说，他对于数学的兴趣，起源于初二年级。由于他的禀赋聪慧，其他同学觉得很难的数学题目，他却能很快解决，从而获得学习数学的信心，更加促进对数学的兴趣，形成良性循环。

另一个例子，是反面的警示：如果不尊重学生的兴趣和爱好，结果可能会使得“天才”成为“废品”。

这个令人痛心的反面典型，就是曾经闻名全国的少年明星——1978 年中科大创办的“少年班”首届学生中的“天才神童”——宁铂。据当时媒体的报道，宁铂 2 岁半时已经能够背诵 30 多首毛泽东诗词，3 岁时能数 100 个数，4 岁学会 400 多个汉字，5 岁上学，6 岁开始学习《中医学概论》和使用中草药，8 岁能下围棋并熟读《水浒传》。

最吸引众人眼光的是，因为与时任国务院副总理方毅下过两盘围棋并获全胜，时年 13 岁的宁铂几乎一夜之间成为路人皆知的“明星”，整个中国的报纸、杂志、电视都在报道这个浑身带着传奇色彩的少年，宁铂的命运从此就被聚焦在媒体那束刺眼的强光之下。宁铂13岁入学中科大后被安排攻读理论物理专业，当时这个专业最为热门。可是宁铂并不喜欢理论物理专业。他对班主任说学校的系他都不喜欢。

班主任据此特地写了份报告给当时的校领导，请求学校按照宁铂的兴趣爱好，把他转到南京大学学习天文专业。

可是命运却给宁铂一记响亮的耳光——中科大不愿意放走这个名人，劝他说：“既来之，则安之。”

宁铂，你实在太有名了，换了谁，谁都不乐意眼睁睁地看着这个香饽饽从自己嘴边溜走。

无法转学的宁铂对理论物理根本没有丝毫兴趣，他很少花时间与精力做物理学科的研究，而是转向了对“星相学”的研究，把大量时间和精力花在哲学、宗教与围棋上。

本科毕业后，19岁的宁铂拒绝了研究生考试，留在中科大担任一名讲师，是全国最年轻的讲师。

接下来宁铂逐渐沉迷在气功、吃素之中，与现实生活的轨迹渐行渐远。2003年他居然出家为僧。一入佛门深似海，从此，晨钟暮鼓，青灯古卷。

一个“天才神童”就这样在“被兴趣”的驱使下被“捧杀”，而从“神坛”上跌落下来，成为“天才教育”的一个反面教材。

以上关于“天才少年”的故事，告诉人们：兴趣对于一个人，特别是一个少年学生而言，是多么重要。培养学生的学习兴趣，让学生按照学习兴趣选择专业，用合适的培养模式，比非理性的强迫学习，要好很多。而前者，正是我们今天所提倡的“创造型教育”的模式。

首先是在各科教学中，把课程讲得精彩，讲出打动学生心灵的趣味。激发学生对该学科的兴趣，调动他们学习的积极性和主动学习的冲动。

其次，在学生已经确定对某科学习产生兴趣时，要因势利导。引领他们的学习兴趣，在学习内容和专业选择上予以关照和支持。就像宁铂那样，当他对理论物理没有兴趣，而对天文学感兴趣时，如果按照班主任的意见，让他转学到南京大学学习天文学，那么，其结果虽不能有大的预期，至少不会让他对学业彻底放弃。

这从反面教育了教育者们，要关注学生的学习兴趣，爱护学生的学习兴趣，尊重他们的学习兴趣和学业选择。这才是真正的“因材施教”，这样才能够调动学生的学习积极性和主动性，使他们能够在正确的轨道上，成人，成才，培养出像王小云、刘路那样的优秀人才。

（三）营造创新环境（场景）

学生，尤其是小学生，甚至更小的孩子，都有强烈的好奇心。对什么问题，都喜欢问一个“为什么？”，这便是培养和引导孩子爱学习、爱动脑筋的大好时机。作为家长和老师，绝不能拒绝回答，或者漠视他们幼稚的问题。而应该“因势利导”地引领他们对新奇事物的好奇心和敏感性。在回答孩子提出的简单问题，甚至是简单到可笑程度的问题以后，还可以进一步，围绕他们所问的问题，营造出更新奇的气氛，使他们扩大想象的空间，增强提问的信心，改进提问的方式，提高问题的层次和内涵，让孩子学会“问”，善于“问”。

要知道我们中国对“学问”二字的结合使用，是大有讲究的。我们所获得的知识，一半是“学”来的，一半是“问”来的。甚至我们所用到的新知识，大半是“问”来的。“不懂就问”是大多数好学生的良好的学习习惯。

20 世纪最伟大的科学家爱因斯坦说过：我没有什么特别的才能，只不过喜欢寻根刨底地追究问题罢了。可见，“喜欢寻根刨底地追究问题”的学习习惯，造就了一代科学大师!

对于不懂的问题，学生可以通过问老师、问同学、查课本、查课外书籍、查字典、上网搜索等办法，廓清疑虑，“寻根刨底”，直到弄懂弄通问题的真意。

学生在学习中善于思考，是搞好学习的重要条件。所谓“学而不思则殆”，就是要鼓励学生对待问题要善于思考。而“问题是思维的第一动力”，没有问题，就没有思考。所以，教师首先要善于提出问题，善于提出好问题、有趣味的问题。在课堂教学设计上，尤其对课堂提问的设计，既要有趣味，又要符合学生的知识水平，这样才能够引起学生的积极思考。

例如，我们前面提到的在初二年级一个差班上，对躁动的学生提出的问题：谁能将 1，2，3，…，9 这九个数字，写成三个三位数 a，b，c，使得 $b=2a$，$c=3a$？问题使得全班同学都从躁动中安静下来，投入积极思考之中，并且有一个学生给出了正确的答案：$a=327$，$b=2a=654$，$c=3a=981$。

为什么这个问题能够引起学生的注意和积极思考呢？因为这个看起来很简单的问题，其实有一定的难度。看起来简单，同学们才愿意去思考；有一定难度，同学们才愿意去动脑筋。青少年学生的思维有一个特点，越是困难的问题，越是想要试着去解决它。但是题目要适合他们的知识水平，让他们最终能够想出解决的办法来。

（四）培养创新能力

中小学生毕竟知识水平有限，学习能力尚且薄弱，更不要说创新能力了。所以学生的创新能力，需要教师的培养、激发和提升。如何才能够培养学生的创新能力呢？

第一，把学生作为课堂的主角。教学课堂，传统做法是要求学生安静，特别是上课时不能随便交头接耳，更不准大声嚷嚷。但是，以色列的中小学教室里总是闹哄哄的。因为这个国家的中小学在上课时，教师提出一个问题，然后就会要求学生三五个人一组，进行自由讨论。在经过激烈讨论、辩论、争论后，学生自己得出结论。因此以色列培养出了许多聪明的孩子。

在我们国内也有这样的教学场景出现。这离不开教师的精心设计和营造。例如，在某市郊区一所初中的数学课堂里，上演了一出有趣的无理数教学活报剧。上课之前，老师用塑料泡沫做了个很大的骰子（俗名“色子”）。上课时，老师把大骰子拿到课堂上。他把这个骰子高高举起，大声问学生：“这是什么呀？”学生们哄笑，大声回答："是骰子！"

课堂上一片哄笑和混乱。等学生们的笑声过去，老师又再次大声地问道："骰子有什么用呀？"学生们知道打麻将一定要用它，便齐声回答道："打麻将！"而且笑声更大。眼看课堂就要失去控制。

图 6-2-1　骰子和无理数

就在学生们大笑不止时，老师再次大声问学生：除了打麻将，骰子还有什么用处呢？这一问，把哄闹的学生们一下镇住了。因为对于骰子的用处，除了打麻将，学生们根本想不出还有什么别的用处。所以，同学们都被这个突如其来的问题问住了：骰子难道还有什么别的用处吗？大家都在冥思苦想，把刚才的热闹情绪彻底扭转过来。

老师等了一段时间，看学生们实在没辙了，缓缓地说道：除了打麻将，骰子还可以产生一种新数——无理数。接着在黑板上写下了大大的三个字——无理数，并写上一个"0."。他请三位学生上来表演：一人在讲台上掷骰子，一人报出点数，另一人则在黑板上的"0."后面，写下点数。其他学生则在下面看表演。

随着三个同学的掷骰子表演，一个小数在黑板上不断延长：

0.2415632645……

这时老师叫停表演，问道："大家看，这是一个什么数呀？"学生们答："是一个小数。"老师又问："如果这三个同学一直做下去，这个小数应该是什么小数呀？"——同学们沉默了。因为他们以前只知道有限小数和循环小数，而这个小数既不有限，又不循环。

老师再次大声说："这就是我们今天要讲的新数——无限不循环小数，我们给他一个新的名字——无理数。而以前的有限小数和循环小数，合称有理数。无理数和有理数一样都是数，合称为实数。"

无理数，无限不循环小数，听起来多么不顺耳，多么难以理解！但是用以上的表演式方法设计课堂教学，让学生通过掷骰子活动，具体"做"出了一个无理数，是多么地直观和亲切呀！而且这样得到的对无理数的认识，是在快乐的气氛中得到的，所以能够使学生学得生动，且记得牢。这比单纯说教和直接给定义的教学方式，实在高明很多。可以说，这就是快乐的课堂、创造性的教学与创新型教育。

三、数学美是学校美育的基础和最重要的部分

（一）数学美有利于文化数学的构建

数学文化化，是数学大众化、数学普及化的重要途径。

数学，是小中大学的必修课程，是人人都要学习的必修课程。数学也是从事任何工作所必须要具有的基本知识。但是，相比于其他课程，特别是相比于文化课程来说，它是难学的课程。特别是中学数学课程改革之后，不少原来是大学才学习的高等数学内容，如解析几何、微积分初步、概率统计初步等，都已经被纳入中学数学教学内容。这使得学生普遍反映数学难学，教师则普遍觉得数学难教。总之中学数学，特别是高中数学，教材水平高过学生接受程度。为此，张

应中院士提出“教育数学”的解决方案，他建议把科学数学改造为简单一些、便于进行教学使用的“教育数学”。例如他提出用不等式来代替高中数学里比较难教的极限和微积分，以降低数学内容的难度。

如此虽然能够降低中学数学教学的困难程度，但是，以删除极限和微积分为代价，换取教材难度的降低，似乎得不偿失。因为极限和微积分，是现代数学的思想精华，删去它们，代价太大，而且用不等式来讲解微积分概念，也并不简单。那么，我们能有什么更好的方法呢？有些数学教育界专家学者，提出“数学文化”的概念，即使数学逐步文化化。我们则直接提出“文化数学”的概念，把学校数学改造为“文化数学”，把作为科学的数学课程，改造成文化课程。具体地说，就是大大降低数学的科学水平，而增加数学课程中的文化内涵，把数学史、数学故事、数学与社会、数学与人们生活的联系等文化内容，加入数学教学中去，增加数学课程的文化性。把中学数学改造为文化课程。因为现在的中学教育，已经是全民的教育，而对大多数中学生来说，以后未必需要有很多具体的高等数学知识，他们需要的是数学的思想方法，以及数学实用技术和自学数学的能力。这方面的观点，读者可以进一步参看我们编著出版的《数学文化和文化数学》（书末参考文献[1]）。

而数学之美，正是“文化数学”的要素。数学文化，其本质就是要求在数学教材和数学教学中，充分展现数学之美——数学的极简之美、数学的奇异之美、数学的和谐统一之美，以及数学在我们的生活中的种种美妙的应用。

（二）数学美有利于学生的智力开发

所谓创新型教育，培养创新型人才，重在“创新”。而“创新”需要有高超的思维能力、超前的智慧。而数学是思维的科学，数学问题，是催生学生积极思维的有效“激素”。特别是那些有趣的、新奇的数学问题，以及在解决这些数学问题中所表现出来的新奇的、曲径通幽的奇巧方法，使得学生们获得解题后的快乐，是激励学生学习积极性、激发学生智慧的有效途径。

著名数学家陈省身先生在2002年世界数学家大会期间，给中学生题词“数学好玩”。就是因为陈先生在学习和研究数学中，确实得到了数学美的趣味和快乐。

如果说，体育活动是学生的体力游戏的话，那么数学解题，就是青少年的智力游戏。除了以上所说过的数学趣味外，以下还特别强调在民间、在学校里曾经流行过的数学游戏，以及数学智力趣题。

数学趣味性问题或数学游戏，可举出几例作为引子。

1. 黄金矩形

定义：宽与长的比是$\frac{\sqrt{5}-1}{2}$（约为0.618）的矩形叫作黄金矩形。可以通过折纸折叠出一个黄金矩形，详见《数学（八年级下册）》（人民教育出版社2013年9月第1版）第64页。黄金分割点的几何作法，前面已经讲过。现在讲的是黄金矩形，以及黄金矩形中的黄金点。

如图6–3–1，先作矩形的长边AB，其次作出BA的黄金分割点A_1（$BA_1>AA_1$），再以BA_1为短边长作矩形$ABCD$（$BC=BA_1$），此即称为黄金矩形。在此矩形中，作正方形 A_1BCB_1；连接 A_1B_1，则 AA_1B_1D 仍然是一个黄金矩形，继续在短边 AD 上作黄金分割点 B_2，又可以得到下一个黄金矩形 $AA_1A_2B_2$。

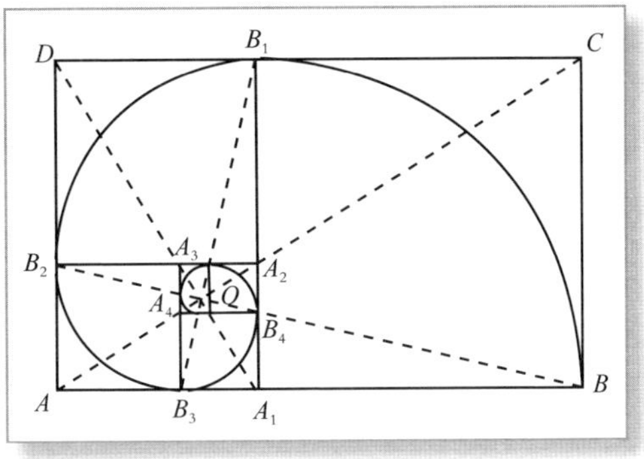

图 6-3-1　黄金矩形和黄金点

继续下去，可以不断迭代出一系列黄金矩形。如图 6-3-1 中所示的 AA_1B_1D、$AA_1A_2B_2$、$A_1A_2A_3B_3$、$A_2A_3A_4B_4$ 四个黄金矩形，就是由黄金矩形 $ABCD$ 迭代 4 次生成的。

已探究出黄金矩形至少有以下性质：

性质 1. 在黄金矩形 $ABCD$ 内作正方形 A_1BCB_1，则矩形 AA_1B_1D 也是黄金矩形。

性质 2. 所有黄金矩形都相似，且 X_{n+1} 与 X_n 的相似比相同。

点 O 是黄金矩形 $ABCD$ 内的一个黄金点，当迭代次数逐步增大时，黄金矩形越来越小，迭代的终点是点 O。细心的读者一定会发现，图中的迭代，是使矩形依次按逆时针方向旋转 90 度。当然，亦可按顺时针方向旋转，如图 6-3-2。

在日常生活中，我们经常用手机或相机拍摄各类照片。怎样才能拍出有美感的照片呢？在所用的手机中，执行“设置”→“相机”→“参考线”操作后，再打开“相机”准备拍照时，手机屏幕上就会出现“参考线”。相机中为什么要设置这样的“参考线”？让我们以“数学的眼光”来深究其中的奥秘。

图 6–3–2 是“蒙娜丽莎”头部的构图，头部整体给人以美感。尤其是“蒙娜丽莎”脸部含有两个黄金点，并且眉心、鼻尖各对应一个黄金点，这就是“蒙娜丽莎”为什么这么美的奥秘。

图 6–3–2 油画中的黄金点

在其他欧洲古代建筑和雕塑中，图中的“点睛之笔”，往往是定在黄金矩形的黄金点上。如下面图 6–3–3 至 6–3–6 像所示：

图 6–3–3 帕特农神庙（左下螺旋）

图 6–3–4 自由女神像（左下螺旋）

图 6–3–5 最后的晚餐（左下螺旋）

图 6–3–6 掷铁饼者（右下螺旋）

2. 七巧板

七巧板（图 6–3–7），是我国民间一种儿童智力玩具，它将一个正方形分割成七个不同的基本几何图形——两个大直角三角形、一个中直角三角形、两个小直角三角形、一个平行四边形、一个正方形。然后用这七块基本图形拼成各种各样的图形。如下图人物（仕女）、飞鸟、家禽、建筑、桥梁等图形（图 6–3–8 至 6–3–12）。

图 6–3–7　七巧板

图 6–3–8　人物（仕女）

图 6–3–9　飞鸟

图 6–3–10　家禽

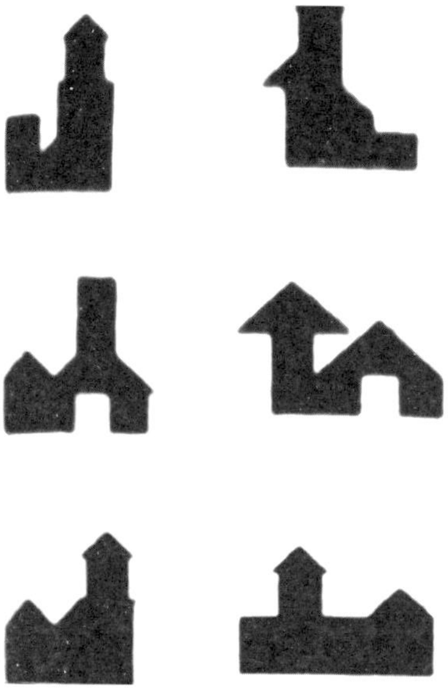

图 6-3-11　建筑物

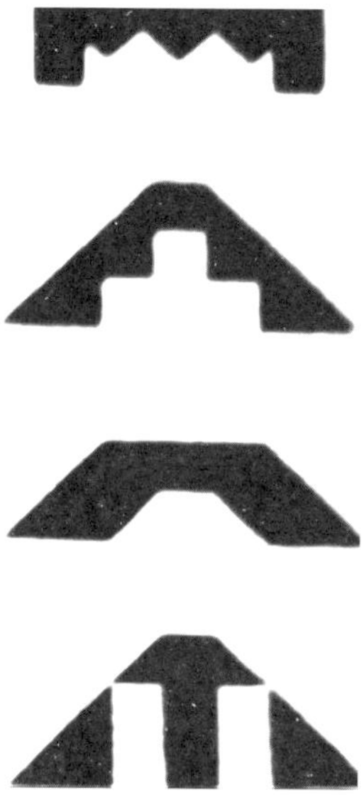

图 6-3-12　桥梁

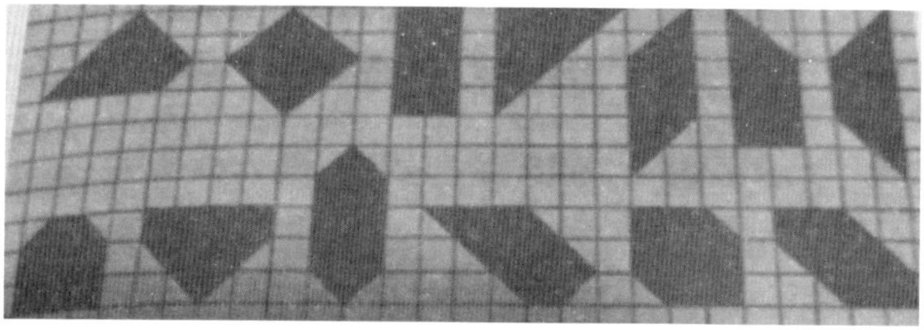

图 6-3-13　凸多边形

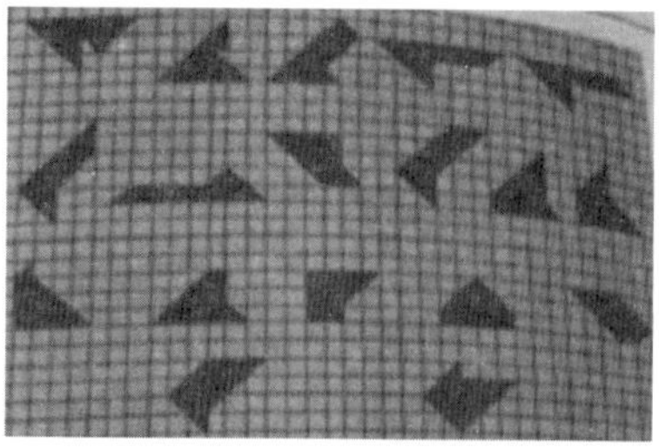

图 6-3-14　任意多边形

图 6-3-15　有缺（洞）多边形

我们还可以进一步提出如下数学问题：

（1）用七巧板可以拼成多少种不同的凸多边形？

所谓凸多边形，是指多边形整个图形都在每边所在直线的一侧。例如，开始的那个正方形（图 6–3–7）便是一个凸多边形，图 6–3–13 中每个图形都是凸多边形，而图 6–3–14 中大部分图形则不是。那么，用七巧板能够拼成多少个凸多边形呢？这是一个并不容易解答的数学问题，但中学生是能够去试着进行研究的。

（2）用七巧板能够拼成多少个有缺口的凸多边形？

所谓有缺口的凸多边形，是指形如图 6–3–15 中的第一排第二个，第二、三、五排的第一、四个，第六排的第一、三、四个，以及第七排的第二、三个。我们的问题是：像这样有一个缺口的凸多边形，究竟能拼出多少个？

（3）有洞凸多边形问题。

如图 6–3–15 中第一排第一、三个图形，其外形虽然是凸多边形，但是其中有一个“洞”（而非缺口），即称为有洞凸多边形。我们的问题是：用七巧板能够拼成多少个有一个洞的凸多边形？有两个“洞”的凸多边形能够拼出来吗？有多少个有两个，以至三个、四个“洞”的凸多边形呢？至多能够拼成有几个“洞”的凸多边形呢？

以上关于有“洞”的凸多边形的数目，是一个有趣的数学问题，也可以说是一个数学系列智力趣题。有兴趣的中学生，以至读者，都可以在七巧板的拼接游戏中，探索其中奥妙。

3. 图形覆盖与划分问题

图形覆盖与划分，是组合数学中一类常见的问题，而且十分巧妙和有趣味。

问题 1. 用 7 块 1×2 的砖块，能否覆盖有 14 块方块的缺角园地？

用如图 6–3–16 所示的 7 块 1×2 的地砖（面积为 2），能否铺满如图 6–3–17 所示的缺角园地（面积为 14）？

图 6-3-16

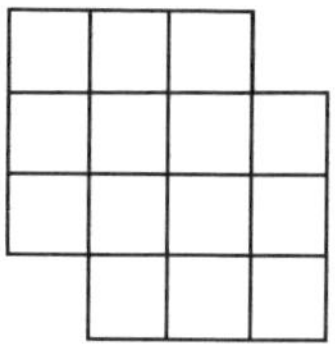

图 6-3-17

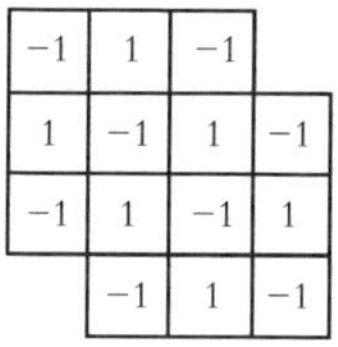

图 6-3-18

如果用实际试验的方法来解，是行不通的。因为用 7 块 1×2 的地砖来铺地，有多得难以计数的不同类型，试验是难以一一穷尽的。我们应该设计出一种易于判别的形式，来帮助我们进行分析和思考。

设计：将场地中每个格子，相间标上数字“1”和“−1”，使其变成图 6−3−18 的数字图。现将一块 1×2 的地砖放到场地上去盖住两格，这两格必然相邻，即盖住的两格中的数字必为 1 和−1，其代数和为 0。

用反证法：假设用 7 块 1×2 的地砖盖住了这个园地，那么，其中每块地砖所盖的两个数字的代数和皆为 0，因此园地上所有被盖住的数字的代数和应为 0。但是，实际上这块园地上有 6 个“1”，8 个“−1”，其代数和等于−2，不为 0。这就是矛盾。所以假设不能成立，即用 7 块 1×2 的地砖不能盖住这个园地。

我们还可以用染色的办法：将场地的小方格相间染成白色和黑色，每一块 1×2 的地砖，都必然盖住一白一黑两个相邻的小方格。假如能用 7 块 1×2 的地砖盖住园地，那么必将盖住 7 块白格、7 块黑格。但该园地上白格与黑格的数目不等，矛盾，因此推出否定的结论。

这种标数字或染色的方法，在处理某些类似的问题时经常有效。

问题 2. 一块如图 6-3-19 所示的 5×4 的园地，另有如图 6-3-20 所示的 5 种规格的地砖各一块，它们合起来的面积正好与园地面积相等。问：①能否用这 5 块不同形状的地砖，将此园地铺满？为什么？②如果限定只用 5 块某一种规格地砖来铺，哪种形状的地砖可以铺满？哪种不能？为什么？

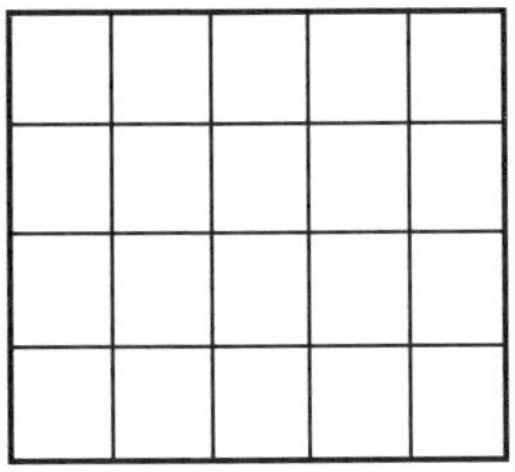

图 6-3-19

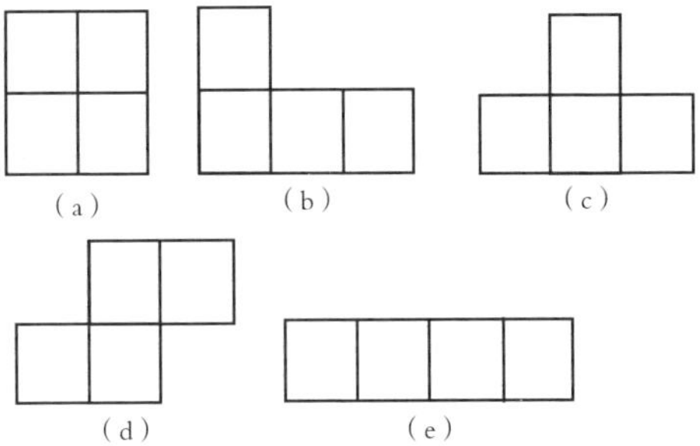

图 6-3-20

1	−1	1	−1	1
−1	1	−1	1	−1
1	−1	1	−1	1
−1	1	−1	1	−1

图 6-3-21

1	−1	1	−1	1
1	−1	1	−1	1

图 6-3-22

1		1		1
1		1		1

图 6-3-23

解：①如图 6–3–21 所示，在图 6–3–19 所示的方格中依次相间填上数字 1 和－1。由于小方格为 20 个，其中 10 个“1”，10 个“－1”，故全图上所有数字之和为 0。

在图 6–3–20 所示的 5 种规格的地砖中，（a）、（b）、（d）、（e）这 4 种规格地砖中的每一块，不论盖住园地中的哪四格，其盖住的数字皆为两个 1，两个－1，其所盖数字之和皆为 0。

而（c）规格地砖，不论盖在园地何处，其盖住的数字，不是含三个 1 和一个－1，就是含三个－1 和一个 1，其代数和不是 2，就是－2，而不可能是 0。因此，如果用这五块地砖，不重复地去盖园地的话，那么，它们所盖住的所有数字之和，不是 2，就是－2，而非 0。这就与园地所有数字和为 0 矛盾。所以，不可能用这 5 种规格地砖各一块将整个园地盖住。

②用（e）规格地砖 5 块，就能够盖住整个园地。而用其他四种规格每种 5 块都不能盖住园地。为什么呢?

对于（c）规格地砖，不论盖在何处，所盖住的四个数字之和是 2 或者－2，故 5 块总和不可能是 0。

对于（b），则需要重新设计：将图 6–3–21 中第 2、4 行数字擦去，变成图 6–3–22 所示的情形，于是每块（b）规格地砖，盖住的四个数字之和总是－1 或者 1，故 5 块所盖数字之和不可能是 0。

对于（a）、（d），再将设计改为图 6–3–23 所示的情形，则每块（a）规格地砖只能盖住一个数字，5 块只能盖住 5 个数字，而图 6–3–23 中有 6 个数字，因此不能盖住整个园地。同样，每块（d）规格地砖也只能盖住一个数字，故也排除。

（三）数学美有利于培养创新意识

创新意识，是创新型教育的前提。没有创新意识，就根本谈不上创新型人才的培养和教育。而审美意识，是创新意识的出发点和激发器。只有在美的环境下，只有欣赏到美好的事物，才能够产生对美好事物的向往和追求，才能够从事创造性劳动，创造出新型、美好的作品和产品，成为创新型人才。

而数学美，则时刻体现在我们生活的环境之中，反映在学校的各个课程的内容之中。只要我们留心，就能够发现数学之美。如果扩大我们的视野，将目光投向室外，投向广阔的空间，那么，我们处处都能够体验到数学之大美。

其实，世界处处是数学的课堂，自然界就是几何图形的天地。我们走在城市的大街上，那些高楼大厦、天桥立交都体现出几何图形之美、数学变化之美、数学奇异之美。

例如，我们带读者到我国改革开放的最前沿——深圳经济特区去实际走一走，看一看吧。那里有高耸入云的楼宇和宽阔的高速公路，以及各式建筑，无不令人心醉。

首先，我们来到深圳湾公园，满眼的“几何美”震撼了纸上谈兵的“几何人”。请看，原来工程师和工人们，早已把纸上的数学之美、几何图形之美，变成了现实之美。

非欧几何大师黎曼、罗巴切夫斯基认为平行线不一定不相交。果然我们在公园看到的平行线未必是真平行线，看到的不平行的线未必不是平行线。就像我们看到的椭圆可能是圆，看到的圆又可能是椭圆，这就是仿射几何学的体现。

奇妙的空间几何，不只是数学课本里的知识，更是现实中美的化身。

几何不仅仅是科学，也是哲学：虚与实、繁与简、曲与直、大与小、方与圆、黑与白……虽然它们的形态不相同，但是完全可以相融。

图 6-3-24 建筑室内顶棚设计

图 6-3-25　体育馆穹顶

我们走在深圳的大街上，徜徉在公园里，会发现，数学如诗一样存在。诗曰：

惊喜之中，似曾相识，实不相识。

这壮丽的建筑似惊人的巨浪。

乱石穿空，惊涛拍岸，

卷起千堆雪。

江山如画，一时多少豪杰。

遥想公瑾当年，小乔初嫁了，雄姿英发。

图 6-3-26 建筑室内装饰 1

图 6-3-27　建筑室内装饰 2

建筑设计师高迪曾经说过：直线属于人类，而曲线属于上帝。曲线、直线相伴构成丰富多彩的美丽图案。惊喜之中，似曾相识，实不相识。

曲线包围着直线，直线衬托着曲线，构成了一幅幅美丽如画的建筑图形。惊喜之中，似曾相识，又不识君。

因为人们喜欢直线，简单、直来直去。偏偏大自然却是以各种曲线存在的，科学家为了满足人们的视觉需要，经常用直线做出精美如画的曲面来！你看看这幅曲面图（图 6-3-28）就是由直线构成的，多么美妙！

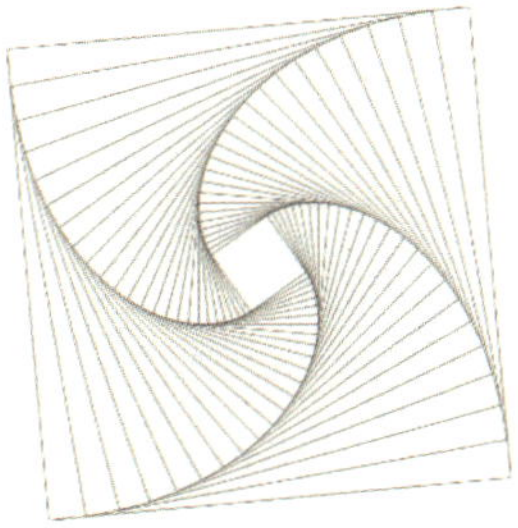

图 6-3-28
直线组成的曲面形

图 6-3-29
由线条表现出来的立体图形

图 6–3–29 的立体图形，是由一个双曲线围绕它的虚轴旋转 360 度而成的“直纹面”，也是各种各样的二次曲线（圆、椭圆、抛物线、双曲线）的集合。而图 6–3–30 让人意识不到它是单纯由无数直线旋转而成的，这就是它奇妙的地方，也是魅力所在！

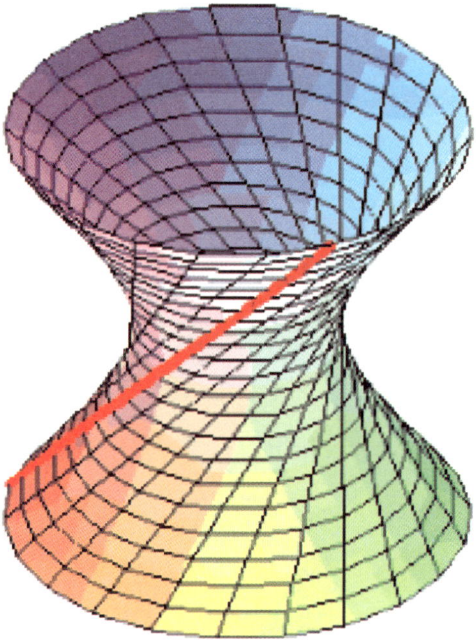

图 6–3–30

如果把图 6–3–30 的直纹面向纵向拉伸，就成了广州塔——“小蛮腰”（图 6–3–31）！

图 6-3-31　广州塔“小蛮腰”

再从网络上搜一搜，看看深圳平安大厦（图 6-3-32）、北京大剧院（图 6-3-33）和上海浦东新区建筑群（图 6-3-34）吧，各种高楼大厦各具个性，但是都充分显示了几何图形之美，“数学之美”。

图 6-3-32 深圳平安大厦，荣膺亚洲顶尖建筑设计奖

图 6-3-33　北京国家大剧院

图 6-3-34　上海浦东新区，高耸着的东方明珠塔特别显眼

再看看中国人引以为傲的高铁和高速公路网，以及大江大河上横空出世的大桥吧，犹如一条条“天路”穿山越岭，横跨在高山峡谷之间，令世人惊叹！但它们的建设，首先就需要数学计算，是数学、力学和美的结合。如果你想要加入到建设者的队伍里，成为它们的设计者和建设者，那么首先学会数学和相关科学技术，领会数学之美带给你的智慧和灵感吧！

在大桥建设数量上，我国是世界上当之无愧的第一。仅在万里长江上，截至 2016 年，在建和已建成的桥梁就有 87 座，而重庆市以 32 座在桥梁总数中排第一。其次是湖北 25 座，江苏、上海 13 座，四川 6 座，安徽 8 座，江西 3 座。其中，重庆市仅在市区就有跨江大桥 11 座，（图 6–3–35）就是其中之一，公交轻轨两用。

图 6-3-35　朝天门长江大桥为目前世界第一大跨径拱桥

重庆朝天门长江大桥仅有两座主墩，主跨达 552 米，比世界著名拱桥——澳大利亚悉尼大桥的主跨还要长。

如果，我们把学校的课堂，搬到大自然中，把书本里的数学知识，联系自然界和社会上的具体形象，就可以切实感受到几何图形的优美。因为无论是什么建筑、桥梁或高速路网，都是科学技术和力量的完美结合，而其核心技术，则是计算和设计，其理论核心都是数学与数学技术，都是数学美的外在表现。

正如著名数学家华罗庚所说：大哉，数学之为用！妙哉，数学之为美！

后　记

◎胡炳生

本书为阐发数学文化，尤其是数学美之专书，作为配合国家推行创新型教育的参考之用。由于编著者研究数学文化十多年来，已经积累了许多有关数学文化和数学美的心得体会，因此在这次编写的过程中，我们吸收和采纳了不少以前的研究成果。同时，近年来，有关数学文化和数学美的论著不断涌现，有许多值得称颂的材料，编者也有所吸收和融汇，并将所参考的著作附在书后。除在章节中特别注明外，谨向这些参考书的作者表示衷心感谢。

我和尚强同志，虽然年龄悬殊，但是在数学教育的轨道上，是亦师亦友，互相交流，互相帮助。在尚强少年时期，在他艰难地在求学的泥泞小道上跋涉时，我们就已经认识了。他那对数学的执着追求，尤其是对几何难题求解的迫切心情和坚持不懈的精神，经常令我感动不已。他家住在当涂县与芜湖县交界的黄池村，距离芜湖有五十多里路，而且没有大路，不通汽车。如来芜湖，要先到当涂县城，再坐火车到芜湖老火车站。不仅费时费力，而且对于所需的路费，当时的他连 1 元钱也拿不出来，所以他来芜湖，经常是步行一整天。

那时每周六天上课，只有周日休息。他就利用这一天休息日，天不亮就起身，怀揣几张小纸片，其上写几个几何问题，步行五十多里路，于中午赶到师大我家，问几个问题，有时扒几口饭，就急急忙忙往回赶，不然就赶不回家。等他赶回家时，一定是满天星斗了。即使这样艰苦，这样困难，他也从来没有说过一个“难”字，没有叫过一声“苦”。他对数学学习的渴望，和对学习执着的精神不仅感动了我，也感动着我身边的其他老师。如他经常提到的王忠汉老师、李梦樵老师等人。不少热心人都给他想过各种办法，想成全他的大学梦想，成就他的数学之梦。虽然工作没有做成功，但是苍天不负有心人，终于在他的不懈坚持下，在他对学习的努力追求下，也在一些有识之士的帮助下，他走出了贫困农村，打出了属于他自己的一片几何新天地——成为中国国家数学竞赛集训队的教练，并受到国家表彰，进而被调到深圳中学，先后担任过深圳市教育局教研室主任、深圳市教育科学学院院长、深圳科学高中校长，为深圳教育做出了突出的贡献，并晋升为教授级特级教师，获得多项荣誉。

我和尚强教授在数学教育上的交流，一直未断。我们共同合作编写过多部数学教育方面的著作，共同撰写过多篇数学教育方面的论文。在我们合作的过程中，我感到尚强同志，不仅仅是一位数学专家，尤其是几何专家，而且是一位善于做事、善于做人的好干部。他每到一处，工作都必有成就，单位同仁都一致称赞其品行和学识。他学习努力，办事认真，对人宽厚，对己严格；于国于家都尽心竭力，克己奉公，为别人着想，为学生考虑；对待教育事业，具有开拓创新精神，是学生的好老师，是同事的好领导、好朋友，是国家的好干部。我能与这位品学兼优的好朋友，一同走过40多年，也是今生一大幸事。

我今年已八十有五，还能够和尚强教授再次合作，写出这样一本对中学生、青少年有益的书稿，很是高兴。故不嫌啰唆，写了上述一些也许是多余的话。敬请读者原谅。

由于本书编写时间仓促，编者水平有限，又加年高、事忙，在编写中，难免有欠妥和错误之处，敬请读者批评指正。

2021年2月

写于安徽师范大学赭山西麓古月斋

参考文献

[1] 尚强，胡炳生，季志焯 . 数学文化与文化数学 [M]. 上海：上海教育出版社，2012.

[2] 胡炳生，陈克胜 . 数学文化概论 [M]. 合肥：安徽人民出版社，2006.

[3] 尚强，胡炳生 . 问题解决和数学智慧 [M]. 上海：复旦大学出版社，2018.

[4] 管国文，胡炳生 . 中学数学学习方法论 [M]. 芜湖：安徽师范大学出版社，2018.

[5] 许康 . 数学美与创造力 [M]. 哈尔滨：哈尔滨工业大学出版社，2015.

[6] 易南轩 . 数学美拾趣 [M]. 北京：科学出版社，2004.

[7] 王树禾 . 数学演义 [M]. 北京：科学出版社，2004.

[8] 王青建 . 数学开心辞典：第二版 [M]. 北京：科学出版社，

2014.

[9] 尚强 . 平面几何题解：上下册 [M]. 北京：中国展望出版社，1985.

[10] 沈康身 . 历史数学名题赏析 [M]. 上海：上海教育出版社，2002.

[11] 胡炳生 . 课余谈概率统计 [M]. 合肥：安徽科学技术出版社，2003.

[12] 胡炳生 . 数学解题思路与方法 [M]. 合肥：安徽科学技术出版社，2001.

[13] 袁小明，胡炳生，刘逸 . 中华数学之光 [M]. 长沙：湖南教育出版社，1999.

[14] 袁小明，胡炳生，周焕山 . 数学思想发展简史 [M]. 北京：高等教育出版社，1999.